高等教育“十三五”规划教材
一流高职院校建设项目系列教材

地下管线探测技术基础

主　编　李益强　吴献文　刘国安
副主编　曾令鑫　高佩玺　陈清标　张永命

北京交通大学出版社
·北京·

内 容 简 介

本书以编写者的丰富实践经验为基础，参阅大量的文献，融入先进物探、测量及计算机技术编写而成。全书共9章，主要内容包括绪论、频率域电磁法探测原理、时间域电磁法探测原理、地下管线探测技术与方法、地下管线测量、地下管线数据处理及管线图编绘、排水管道内窥检测技术、地下管网信息管理系统、地下管线探测质量保障体系与安全生产。本书的编写原则是以专业技能培养为核心，具有指导性、实用性和可操作性等特点。

本书可作为高等职业技术院校工程测量技术、市政工程技术等专业的教材使用，也可供从事城市地下管线设计、施工、监理和管理的工程技术人员参考使用。

图书在版编目（CIP）数据

地下管线探测技术基础 / 李益强，吴献文，刘国安主编. —北京：北京交通大学出版社，2020.8

高等教育“十三五”规划教材

ISBN 978-7-5121-4191-9

Ⅰ. ① 地… Ⅱ. ① 李… ② 吴… ③ 刘… Ⅲ. ① 市政工程－地下管道－探测技术－高等学校－教材 Ⅳ. ① TU990.3

中国版本图书馆 CIP 数据核字（2020）第 056050 号

地下管线探测技术基础

DIXIA GUANXIAN TANCE JISHU JICHU

策划编辑：李运文　　责任编辑：陈跃琴

出版发行：北京交通大学出版社　　电话：010-51686414　　http://www.bjtup.com.cn

地　　址：北京市海淀区高梁桥斜街44号　　邮编：100044

印 刷 者：三河市华骏印务包装有限公司

经　　销：全国新华书店

开　　本：185 mm×260 mm　　印张：11　　字数：275千字

版 印 次：2020年8月第1版　　2020年8月第1次印刷

印　　数：1～2 500册　　定价：39.80元

本书如有质量问题，请向北京交通大学出版社质监组反映。对您的意见和批评，我们表示欢迎和感谢。

投诉电话：010-51686043，51686008；传真：010-62225406；E-mail：press@bjtu.edu.cn。

前　言

城市地下管线设施给城市的建设及生产、生活环境提供了良好的便利条件，满足了城市现代化进程的需要，给人们生活提供了足够的保障，大大改善了人们的生活环境条件。但就现存的资料来看，城市地下管线设施远不适用于现代城市建设的需求，给城市建设带来巨大的潜在隐患，甚至由于漏水、漏气、漏电等引发不应发生的人为事故，给人们的生存环境及生命财产带来不可估量的损失。对地下管线进行全面普查是非常科学的，不仅给城市管理工作提供了准确、完整、系统的地下管线信息系统，而且对城市的整体建设和发展是非常必要的。

就目前我国地下管线而言，大体上有以下几个特点：一是管线埋设历史悠久，且数量巨大；二是管线的管理权属单位各司其职，缺乏统一的管线管理机构；三是管线管理还处于半数字化时代，管线属性不是管线种类不全，就是覆盖面小；四是有许多理论和技术问题有待进一步研究和探讨。所以，地下管线探测不论从使用角度还是管理角度，都是非常必要和迫切的。

地下管线的探测与信息化建设工程是一项技术性强、涉及面广的系统工程。设计单位有政府职能部门、管线权属单位、管线探测单位、管线监理单位、系统开发单位等；涉及的学科有地球物理学、测绘学、管理学、计算机技术及其应用等。地下管线探测是电磁法地球物理探测的一种，只是近三十年电磁法技术才被广泛应用于地下管线探测这一新兴行业之中。相应地，专门介绍、讲解该方面的书籍和教程比较少，为了系统地、专业地介绍地下管线探测方面的知识，我们编写了本书，对外业勘探、物探探查、控制布设、物探点采集、数据库建立、逻辑查错、图形编辑、成果生成等一系列的工作方法，都予以介绍。使大家通过学习，不但了解理论，而且基本掌握实际操作技能。

本书由广东工贸职业技术学院吴献文策划，是建设一流高职院校项目之一。全书共 9 章，广东工贸职业技术学院李益强、吴献文和河南省航空物探遥感中心刘国安共同担任主编，广州番禺职业技术学院曾令鑫、广州天驰测绘技术有限公司张永命、广东省地质物探工程勘察院陈清标、广东省核工业地质调查院高佩玺担任副主编，第 1 章由李益强编写，第 2 章及第 3 章由刘国安编写，第 4 章及第 6 章由吴献文编写，第 5 章由李益强和陈清标编写，第 7 章由张永命编写，第 8 章由曾令鑫编写，第 9 章由高佩玺编写，最后由吴献文统稿并审定。

本书编写过程中，参阅了大量的文献资料，引用了同类书刊中的部分内容，在此谨向有关作者表示衷心的感谢。同时，本书的编写与出版得到广东工贸职业技术学院的鼎力支持，很多老师与同事们也付出了相应的努力，在此表示深深的感谢！由于编者水平有限，时间仓促，书中难免有错误和不足之处，恳请读者给予批平指正。

编　者

2020 年 2 月

目　录

第1章　绪　　论

教学目标

（1）了解地下管线的现状。

（2）了解进行地下管线探测的原因。

（3）了解地下管线探测所涉及的相关技术学科。

（4）掌握需要做的工作准备。

1.1　概　　述

现代化城市都拥有一个结构复杂、规模庞大的地下管线系统，地下管线担负着物质、能量的传输功能，世界各国将城市地下管线工程称为生命线工程。地下管线是城市的重要基础设施，关系到每个居民的生活，关系到城市经济发展，关系到城市的整体运行。充分利用地下空间，掌握城市地下管线的现状，管理好地下管线的各种信息资料，是城市规划建设和可持续发展的需要，是城市社会经济发展的需要，是有效应对与地下管线有关的突发灾害的保证。

地下管线探测是指采用物探、测绘和计算机技术方法确定地下管线空间位置和属性这一活动的全过程，它涉及物理学、地球物理学、工程测量学、计算机技术及其应用，需要市政建设、城市规划与行政管理等学科部门的共同参与。

本章的地下管线主要指城市地下综合管线和大中型厂区的地下综合管线。地下管线按其功能和归口行业可分为给水、排水、燃气、热力、工业等各种管道，以及电力、电信等各种线缆。地下管线探测包括对已有地下管线普查、新建地下管线的施工和竣工测量等内容。已有地下管线普查的任务是查明地下管线的现状，即管线和附属设施的空间位置及其属性特征，包括管线探查、管线测量和沿地下管线的带状地形图测绘、系统数据库的建立，这部分内容是本书的重点；新建地下管线的施工和竣工测量属于工程测量的范畴，本书只做一般性介绍。

1.1.1　地下管线现状和探测的目的及意义

1. 地下管线现状及存在的问题

1）现状

城市地下管线的现有状况为：

① 缺少统一管理，缺乏科学规划，缺乏有效监管；

② 已有地下管线布设不合理，老化严重，家底不清，资料不全；

③ 对地下管线普查重要性认识不足，普查进度较慢，效果欠佳；

④ 修测不及时，维护跟不上，浪费较严重；

⑤ 管线信息管理系统未建立或未进行系统维护，变成“死”系统；

⑥ 行业指导薄弱，专业队伍杂乱，水平参差不齐，市场监管不力。

例如，在管线布设不合理方面，大多数城市中心区已有管线过密，不仅近距离并排铺设，而且上下交叉，最密处竟能上下交叉十余层。管线间的安全距离不足，存在很多隐患。

又如，在管线老化严重方面，一些城市的老城区，给排水管道严重老化、锈蚀，内壁结垢，管径偏小，输水能力低，遇到汛期和雨季，易大面积或局部严重积水。

再如，在地下管线现状资料不全方面，有一些城市甚至没有一张完整的“地下管网图”，更谈不上现势性较好的管线资料。在城市建设加快时，经常有管线事故发生，在施工中发生因管线被挖断而引起的停水、停气、停热、停电和通信中断等事故。据不完全统计，全国每年施工引发的管线事故所造成的直接经济损失、间接经济损失以数十亿元，甚至数百亿元计，造成严重的经济损失和不良的社会影响。有的施工单位未向规划部门报批便开工，盲目开挖；有时虽然是按图纸施工，但图纸上明明没标管线，可施工时却挖出了管线，如此等等。

2）存在的问题

从本质上讲，城市地下管线存在的问题主要体现在以下几个方面。

（1）缺少统一领导和规划

① 在我国许多城市，尤其是中小城市，各管线单位从各自的利益出发，在管线的铺设过程中，经常出现城市道路重复开挖、重复施工的情况，影响市容、交通。另外，管道铺设基础处理差，回填质量差，造成市区道路路面较差。

② 旧城区道路狭窄，建筑密度大，违章建筑压在管线上面，影响使用、维护、更新，成为事故隐患。

③ 各种井盖被埋，难找难补，有的井盖高出地面，妨碍交通，成为车辆损毁、人员伤亡的隐患。

④ 由于各类地下管线的资金来源和实施时间不同，造成地下管线位置、走向、标高都比较混乱，各专业单位各行其是，设计施工前缺乏充分勘测，在施工中出现损坏地下管线，造成停水、停电、触电伤亡、排水道堵塞和通信中断等事故。

⑤ 管道铺设未留安全距离，造成维修困难。

（2）资料不全，管理不力

城市建设主管部门是地下管线的管理机构，但由于历史和现实原因，管理职能未能真正履行。目前主要道路干线资料归各专业管线单位存档。已有的地下管线信息数据不完全、不翔实且流通不畅。例如，没有对管径、长度、埋深及管线中的控制阀门等设施加以标注，综合图对于城市规划及各管线单位无实际指导意义等。由于不能提供准确的现状资料，造成规划、设计和施工困难，规划管理审批的盲目性大。新建管线在竣工后未经主管测量单位进行竣工测量审查，竣工资料归档措施乏力，没有向城市地下管线管理主管部门提供新建地下管线资料，以致大量竣工资料分散。据统计，全国大约有 70%的城市地下管线没有基础性城建

档案资料，地下管线家底不清的情况普遍存在。原有城市地下管线没有普查、建档，新增管线资料没有及时归档入库。

（3）城市建设发展快，基础设施跟不上

地下管线属于公用基础设施，由于城市建设的发展速度太快，基础设施建设往往跟不上，在我国还缺乏经验，加上老城区改造的欠账太多，要从根本上一下子解决地下管线的改造、建设和管理问题是不可能的。特别是城市郊区的居民区，基本没有考虑给排水的统一规划，许多应埋在地下的管线如电力线、通信线等，都无序地布设在地上。城市郊区居民地和乡镇的污水排放问题是城乡差别最突出的一点。

针对上述问题，国家给予了极大重视，城市地下管线普查工作已在各大中城市全面开展，建设部于1994年就制定了《城市地下管线探测技术规程》，2003年进行了重新修订并发布。目前，全国有四分之一的城市完成了地下管线普查工作，更多的城市正在或将要全面开展地下管线普查工作。由于地区差异，城市经济实力不同，管理水平参差不齐，各城市地下管线普查的做法存在很大的差异，地下管线普查中也存在不少问题。例如，普查工作准备不足，经费未完全到位；地下管线普查领导小组的指挥、协调作用存在较大差异；在地下管线普查前，现况调绘资料不落实，影响到普查工作的开展；地下管线普查监理不规范，监理的素质参差不齐；地下管线普查以价格优势筛选队伍，质量得不到保证；有的城市没有建立动态监管机制，还需要重新普查；有的城市建立的地下管网信息系统没有发挥积极作用，效果欠佳等。

随着地下管线普查工作的全面深入开展，上述问题已得到较好的解决。如许多城市的地下管线普查领导小组组长都是由市主要领导担任，地下管线普查经费也得到进一步保证。

2. 地下管线探测的目的和意义

1）目的

地下管线探测的目的是获取地下管线准确、可靠、完整且现势性强的几何及属性数据。这些数据除了生产地下管线图纸报表和其他城市用图等常规档案资料外，还为建立地下管网信息系统提供基础资料。城市管网信息系统可以提高规划、设计部门以及各专业管线管理单位的工作效率，为城市的规划、设计、施工和管理服务，实现管理的科学化、自动化和规范化。

2）意义

地下管线探测随着城市的产生、发展而出现和发展，是一件永恒的工作。这关系到每个居民的切身利益，也关系到城市的可持续性发展。从这个角度来看，地下管线探测的意义怎么说都不为过。我们认为，地下管线探测对城市规划管理现代化有非常重要的现实意义，对城市居民和城市可持续发展来说，又具有极其重大的社会经济意义。

3. 管线普查的原则与责任

① 管线普查应执行有关项目建设的国家法律、法规、规范、标准和制度，履行普查合同规定的义务和职责；遵守国家的法律和政府的有关条例、规定和办法等。管线普查的首要职责是遵循国家、行业有关管线普查的标准、规范要求，保证物探、测绘数据的准确性、真实性，并安全、快速、高效地进入管线信息系统，全面保证普查工作的每个方面、环节质量达到合同规定的要求。

② 不得泄露普查项目各方认为需要保密的事项。管线普查必然涉及政府提供的许多机

密性资料及文件，如地形图、测量控制成果、地下管线现况调绘以及形成的管线普查成果等基础性资料，管线普查单位在施工过程中需要接触并应用到这些资料，因此作为合同一方的普查单位，有义务、有责任切实做好相关资料的保密工作，工程完工后应及时上交或销毁基础资料，未经许可不得截留，不能向第三方提供，务必防止资料扩散、流失，以免给资料权属单位造成重大损失。

③ 管线普查单位应坚持科学的态度和实事求是的原则，保持普查成果的正确性，维护采购人的合法权益。城市地下管线现状资料是城市规划、建设、管理的基础资料，是现代化城市高效率、高质量运转的保证，也是地下管线安全运行的保证，是城市公共设施规划、设计、施工及运行管理的重要依据，普查单位不能单纯追求企业的经济效益，必须从政治、经济等高度看待普查工作的重要性。在进行管线普查时，普查单位必须坚持科学的态度和实事求是的原则，把普查质量作为普查工作的第一要务抓紧、抓好，应当选派技术过硬、经验丰富、责任心强的同志从事该项工作，并认真做好员工的时刻教育和适时培训工作，使广大员工在工作中形成讲质量、重质量、抓质量的良好氛围，才能保证普查成果达到国家行业规程规范、合同的要求，保持普查成果的正确性，维护采购人的合法权益。

④ 由于普查单位施工不当而造成采购人经济损失的，普查单位要负责赔偿造成的全部经济损失。管线普查不能有半点虚假或者随意推断，普查成果的好坏直接关系到政府在规划、设计、施工及运行管理方面的决策。如果普查成果质量低劣，在实际应用时有可能会造成断电、停水、跑气等事故，引起火灾、爆炸、燃烧，甚至危及生命安全。

1.1.2 地下管线分类与结构

1. 地下管线的分类

城市地下管网工程，是指建设于地下的给水、中水、排水（雨水、污水、雨污合流）、燃气、电力（380 V 以上供电线路）、热力、电信（通信、有线电视、信息网络、交通信号等市政公用管网）和特种管道（工业）等各种设施。按行业和从建立专业地理信息系统的角度，可分为电力、电信、给水、排水（雨水、污水）、中水、燃气（煤气、天然气）、热力、工业系统管线。

① 电力系统管线：大部分是埋地敷设，埋设方式为直埋、沟埋、管埋、管块。

② 电信系统管线：大部分是埋地敷设，埋设方式为直埋、沟埋、管埋、管块。

③ 给水系统管线：分为两部分，一是原水，就是未经过处理的自然水，可能是地下水、水库水，也可能是河流水；二是自然水经水厂净化、消毒后由各类供水管道送往机关、工厂、生活区。管道材质主要为铸铁、球墨铸铁，小管径部分有 PE 和水泥管材；埋设方式绝大多数为直埋。

④ 排水系统管线：按污水和雨水分流的规划原则，排水系统分别由雨水管沟和污水管道组成，大部分沿街道敷设。管道材质主要为水泥管，部分有塑料管；埋设方式为直埋。

⑤ 中水系统管线：生产、生活使用过的污水，经处理后再利用的水称为中水。管道材质主要为铸铁、球墨铸铁，部分有 PE 和水泥管材；埋设方式绝大多数为直埋。

⑥ 燃气系统管线：管道为高、中压钢管，低压钢管和 PE 管。

⑦ 热力系统管线：可分工业供热、居民供热。热源由蒸汽和余热两部分组成，热力管道

分为蒸汽管和热水管，敷设方式一部分是架空的明管，另一部分是直埋或地下热力管沟的暗管。

⑧ 工业系统管线：主要有原油、天然气、乙烯、丙烯、汽油、柴油、液化气、渣油等管线，管道材质为钢管，均采用直埋。

2. 地下管线的结构

地下管线包括管线上的建（构）筑物和附属设施。建（构）筑物包括水源井、给排水泵站、水塔、清水池、化粪池、调压房、动力站、冷却塔、变电所、配电室、电信交换站、电信塔（杆）等，附属设施包括各种窨井、阀门、水表、排气排污装置、变压器、分线箱等。

地下管线可抽象为管线点（管线特征点）和管线段。其中管线点可细分为各种窨井、各种塔杆电缆分支点、上杆、下杆、消防栓、水表、出水口、测压装置、放气点、排污装置、排水器、涨缩器、凝水井、变坡点、变径点等。管线段一般组成环，地下管网为环状网和树状网组成的复杂网络，有的管线还具有多方向连通关系。

地下管线按材质可划分为三大类，即由铸铁、钢材构成的金属管线；由铜、铝材料构成的电缆；由水泥、陶瓷和塑料材料构成的非金属管道（含钢筋混凝土管、砖石沟道）。管线材质与地下管线探测使用的物探仪器和方法密切相关。

1.2 地下管线探测前期准备工作

地下管线探测工程施工前的准备工作主要包括资料收集、现场踏勘、物探方法试验、仪器一致性校验及编写技术设计书等。

1. 资料收集

地下管线探测前，需全面收集和整理测区范围内已有的测绘资料和地下管线资料，包括相关的控制资料以及相应比例尺的地形图，各种管线的设计图、施工图、竣工图、电子版专业管线图、技术说明书和成果表等，分析所有收集的资料，评价资料的可信度和可利用程度以及精度情况。

资料收集类别如下：

① 1:500、1:1 000 等各种比例尺的地形图；

② 各种管线的设计图、施工图、竣工图、栓点图、电子版专业管线图、竣工测量图、外业探查成果、报批的红线图；

③ 技术说明书和成果表；

④ 收集测区内已有的控制点和水准点成果，控制点点之记等测量资料，作为本测区内控制测量的起算依据。

2. 现场踏勘

通过现场踏勘，了解整个测区地形的现势性，查看测区地物、地貌、交通情况、气候条件、地球物理特征及地下管线探测时干扰因素，如危险源等，同时也对测区地下管线分布及调绘资料准确性、测量控制点完好情况进行初步了解。

3. 物探方法试验

为了满足探测要求，统一技术方法，通常选择有代表性的地段和不同的管线进行物探方法试验，来确定最佳收发距离、发射功率、工作频率、激发方式。

管线探测仪探测地下管线的方法，按场源的不同可分为主动源法和被动源法；按信号激发方式不同可分为直接法、感应法和夹钳法等。对于不同的地下管线，由于其材质、管径、埋深及敷设方式不同，探测时采用的探测方法及其效果也不尽相同。为此，在正式开始探测工作前，先进行以下各项试验，以确定最佳的探测方法。

1）收发距的选择

在无地下管线、无干扰或干扰可忽略不计的地电条件下，分别利用不同的频率、接收机增益来测定各种不同情况下发射机的一次场信号对接收机产生影响的最小距离，即为最小收发距。最小收发距的测定曲线如图 1–1 所示。其中，纵坐标为接收机在某一点上接收到的一次场增益值，一般以分贝（dB）为单位；而横坐标为发射机与接收机之间的距离，一般以米（m）为单位。

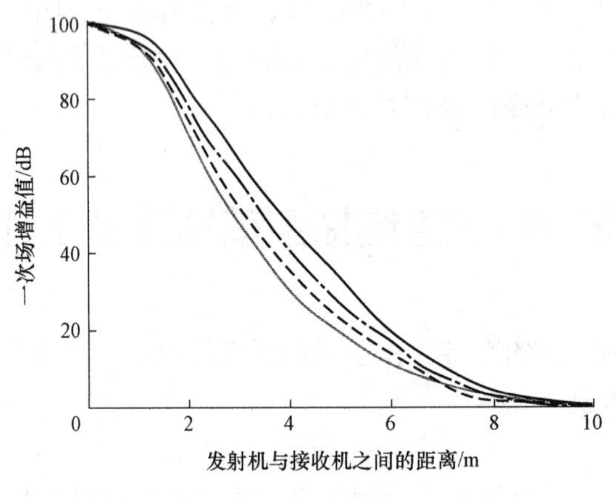

图 1–1　最小收发距的测定曲线

收发距的选择，应根据管线的埋设方式、深度、材质、周围介质条件等实际情况来确定，但一般应选择在最小收发距以外到异常不明显之间。它是根据接收机接收到的信号强弱、稳定性和管线实际平面位置及埋深吻合情况来确定的区间范围。

2）发射功率的选择

固定最佳收发距及发射频率，将接收机放在最佳收发距的定位点上，改变发射机功率，视接收机读数满偏度及灵敏度来确定最合适的发射功率。发射频率的选择，应根据管线的埋深、材质、激发方式、工作频率、接收距离、周围介质条件等实际情况来确定。

3）工作频率的选择

不同的工作频率对管线探测的平面定位影响不大，但对测深有一定的影响。一般而言，对于低阻抗的目标管线体（如材质为铜、铝、钢），不论采用哪种工作频率对管线定位、定深，其与管线实际较差均在误差范围之内。但对于高阻抗目标管线体（如铸铁、球墨铸铁），工作频率越低，定深值与管线实际埋深较差越大，反之则越小，而定位误差均能在限差范围之内。故此，工作频率的选择，需要根据管类、管材的不同，通过试验来确定。

4）激发方式的选择

① 在条件允许情况下，金属给水管线首选的信号激发方式应为直接法。

② 当探测煤气管道时，须选择感应法。

③ 对于电信、电力电缆，由于测区内多为管块或管沟，局部地段有直埋，实地人孔井、手孔井较多，此类管线信号激发方式应采取夹钳法，条件不具备时可采取感应法。

④ 对于埋设较深的管线，应尽量采用直接法（夹钳法）激发，通过实地在管线已知明显点做试验，来确定探测修正系数后，再实施管线的探测工作。

5）定位、定深方法的选择

一般情况下，管线定位、定深采用抗干挠能力强的电磁场水平分量 H_x 或电磁场水平分量的增量 ΔH_x，较少采用电磁场垂直分量 H_z。

定位时，在垂直于管线走向方向左、右移动仪器，ΔH_x 或 H_x 最大值（$\Delta H_x^{\max}$ 或 $H_x^{\max}$）的位置，就是目标管线体在地面的中心投影位置；定深时，根据管线峰值两侧某一百分比处两点之间的距离与管线埋深的关系，选择不同磁场、不同仪器进行测量，以后章节会详细讲解。

对于转折、三通等管线点的定位，在不同方向的直线段上分别测定 2～3 个点，然后采用交会的方法定出转折、三通点。

4. 仪器一致性校验

将投入本工程探测的全部仪器投入一致性检验，所有参加一致性检验的仪器及操作人员严格按操作规程操作。将试验测定数据按下列公式进行统计计算：

仪器平面一致性中误差：$$m_{\text{ts}}=\pm\sqrt{\frac{\sum\Delta s_{ti}^2}{2n}}$$

仪器平面一致性限差：$$\delta_{\text{ts}}=\frac{0.10}{n}\sum_{i=1}^{n}h_i$$

仪器定深一致性中误差：$$m_{\text{th}}=\pm\sqrt{\frac{\sum\Delta h_{ti}^2}{2n}}$$

仪器定深一致性限差：$$\delta_{\text{th}}=\frac{0.15}{n}\sum_{i=1}^{n}h_i$$

式中：Δh_{ti} ——管线点 i 的仪器探测埋深与已知埋深差值；

Δs_{ti} ——管线点 i 的仪器探测平面位置与已知平面位置的差值；

n——管线点的个数；

h_i ——管线点 i 中心埋深。

根据计算所得数据与规程限差比较，检验仪器的性能稳定情况及误差波动幅度，从而确定仪器能否满足工程需求。一般情况下，单台仪器的一致性中误差不大于限差的 1/3，而所有投入使用的仪器一致性中误差不大于限差的 1/2。

5. 编写技术设计书

根据现场踏勘及现况资料的分析，结合物探方法试验成果，编写技术设计书。技术设计书的主要内容包括以下几个方面：

① 任务来源、目的、任务量、作业范围、作业内容及完成期限；

② 作业区环境概况和已有资料情况；

③ 设计书编写所引用的标准、规范及其他技术文件；

④ 成果主要技术指标和规格；

⑤ 作业所需的仪器类型、数量、精度指标，作业所需的数据处理、存储与传输设备；

⑥ 技术路线、工艺流程、各工序的作业方法、技术指标及质量保证措施等；

⑦ 提交归档资料的内容及要求；

⑧ 施工组织与进度安排；

⑨ 有关的设计附图、附表及其他技术要求。

提交的技术设计书，需经审核，审批通过后才可进行地下管线普查工作。

习题与思考 1

（1）地下管线如何分类？

（2）地下管线探测前的准备工作有哪些？

（3）简述地下管线探测技术设计书的主要内容。

第 2 章　频率域电磁法探测原理

教学目标

（1）了解电磁感应的物理数学模型，掌握简化物理模型的特点。

（2）了解电磁波的特征及传播方式，掌握电磁场的解释方法。

（3）了解探测技术方法的工作原理、适用范围、适用对象，掌握各种探测技术方法的特性。

2.1　电磁法探测原理

电磁法是地球物理找矿的一种物探方法，它根据电磁感应定律，借助仪器设备，观测电磁场的变化，确定电磁场的空间与时间分布规律，从而达到探测地下金属管线的目的。

电磁法可分为频率域电磁法（FDEM）和时间域电磁法（TDEM），前者是利用多种频率的谐变电磁场，后者是利用不同形式的周期性脉冲电磁场。由于这两种方法均遵循电磁感应规律，故基础理论和工作方法基本相同。在目前地下金属管线探测中，主要以频率域电磁法为主。

电磁法探测的工作原理：通过发射装置对金属管线或电缆（简称管缆）施加一次交变场源，激发其产生感应电流，在管缆的周围产生二次场，通过接收装置在地面测定二次场及其空间分布，然后根据这种磁场的分布特征来判断地下管缆所在的水平位置和埋藏深度，如图 2–1 所示。

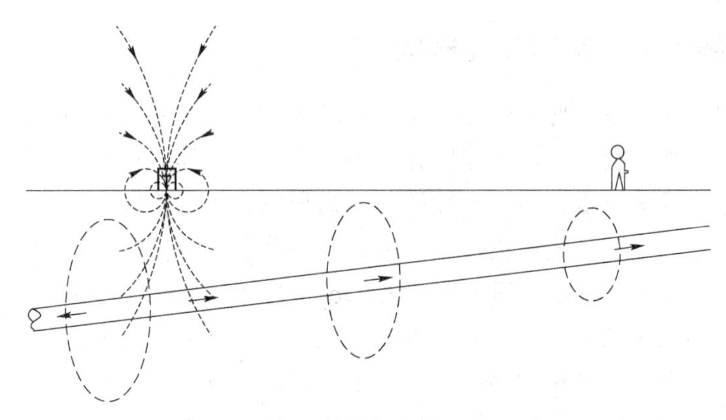

图 2–1　电磁法探测原理示意图

2.2 电磁法的基本物理原理

2.2.1 电磁感应物理模型

采用电磁法寻找地下管线，其基本原理是电磁感应定律，可用如图 2–2 所示的物理模型来说明。

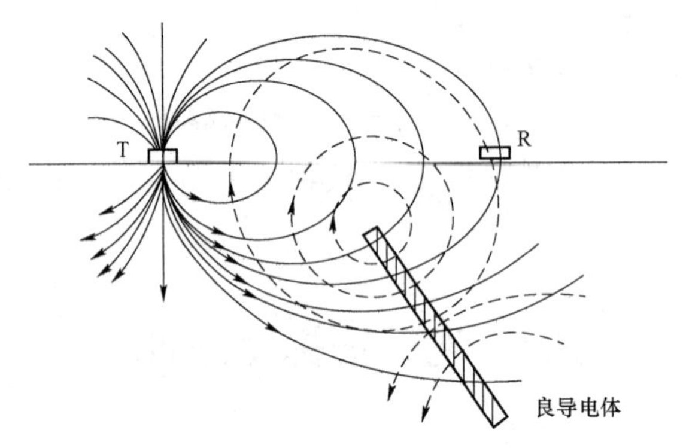

T—发射线圈；R—接收线圈；实线——次场磁力线；虚线—二次场磁力线。

图 2–2　电磁感应定律物理模型

在地面上，发射机发射交变电流，此交变电流在发射线圈（以 T 表示）四周建立起一次交变磁场。若地下存在良导电体，则在一次场激发下，良导电体内便因感应而产生涡流，涡流也会在空间产生交变磁场，称为二次场或异常场。地面上的接收机的接收线圈（以 R 表示）接收的电磁波是一次场和二次场叠加的结果，通过分析接收端电磁波的变化规律可以发现导电体的存在及其分布特点。

为了发现并定性、定量地描述地下目标体，将主要分析二次场在时间域、空间域及频率域的分布规律。但因为二次场是由地下良导电体内感应电流形成的，所以感应电流随频率的变化规律决定了二次场随频率的变化规律。

2.2.2 地下管线电流的基本物理模型

在一次场的激发作用下，地下金属管线中将有感应电流产生。为了揭示管线电流产生的物理原因及性质，必须对埋设于地下导电介质中的金属管线建立符合实际的物理模型。

一般来说，地下导电介质是各向异性的非均匀导电介质，不同介质的电阻率通常不同。而埋没于这种介质中的金属管线种类较多，埋设方法和铺设工艺也不尽相同，既有直埋管线，又有沟内架设管线。为了使问题得到简化，假设地下半空间为各向同性的均匀介质，其电阻率为 ρ，金属管线的电阻率为 ρ_0，一般 $\rho_0 \ll \rho$。金属管线与大地的连接关系，从电学角度考虑可分为两种接触形式：一是金属管线有多个接地点与导电的大地连通（如给水管线）；二是金属管线与导电的大地之间被管线保护层绝缘（如金属的燃气、热力管线），如架设在沟内的电缆便与大地绝缘。在应用电磁感应法来探测地下管线时，首要的问题是使地下金属管线中有交变电流存在，也就是说，它应该形成一个闭合回路。由于地下金属管线是电的良导体，管线周围的介质也是一种导电介质，而在被绝缘的地下管线与大地之间，可以看成是彼此成并联关系的一系列小电容。这样，无论地下金属管线与大地之间是否直接连通，我们都可以把“大地—金属管线—大地”看成是一个交流闭合回路。

那么，在感应激发条件下，地下金属管线与大地之间所构成的回路是如何形成的呢?按照上述将地下板状导体看成是一个闭合回路的观点，也可以把金属管线与地下导电介质看成是以金属管线为边沿走向和倾向无限延伸的无数个板状导体的组合，因为每一个板状导体都可以看成一个闭合回路，所以管线与大地构成的回路就应该是由无限多成并联关系的线圈构成的［见图 2–3（a）］。将其进一步简化，可得如图 2–3（b）所示的等效电路。可见，在发射线圈一次交变电磁场激发下，金属管线与大地之间所构成的闭合回路相当于沿管线走向很长、下延无限的直立大线圈。如果我们用某种方式在地面上进行激发，那么在该线圈回路中就有交变电流流过。这就是在经简化后所得到的最基本的物理模型。

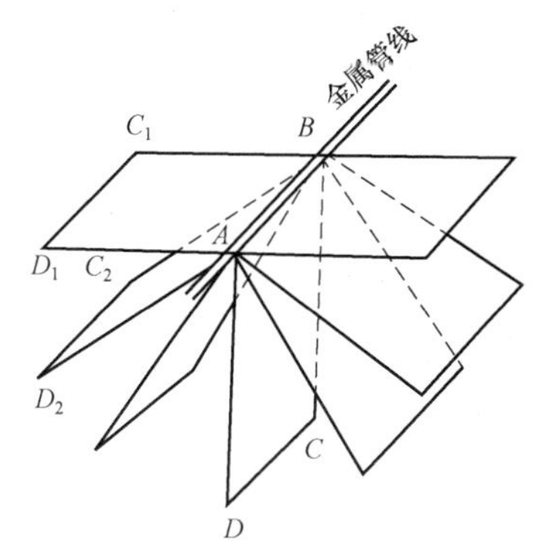

（a）地下金属管线与大地组成无数个板状导体

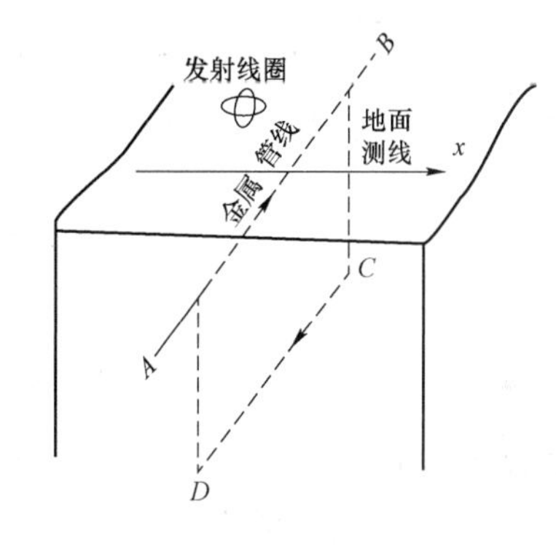

（b）简化的物理模型

图 2–3　基本物理模型

简化的物理模型有以下特点。

① 把地下各向异性的不均匀导电介质用一种均匀导电介质来代替。

② 地下金属管线的导电性（电阻率 ρ_0）与周围介质的导电性（电阻率 ρ）有明显差异，即 $\rho_0 \ll \rho$。金属管线与大地所构成的回路，当频率较高时，在交变电磁场中可以等效为一个直立大线圈。管线埋设越浅，其近似程度也就越高。由于一次场的激发，在线圈中有感应电流（即回路电流）产生。由于管线长度远远大于管线埋深，也大于管道直径，故在多数情况下可将管线中的回路电流看成是延伸较长且密度较大的线电流。

③ 地面上观测的是管线电流所产生的电磁异常，介质中电流的磁场属于干扰因素。

④ 单管线电流作为基本模型具有一定的代表性，而且因其简单、典型，很容易对地下管线电流产生的电磁场进行正演计算和反演解释。尽管在许多场合地下往往存在多管线组合结构，然而其电磁场的理论计算方法也是以单管情况为基础的。

这些特点，为我们应用频率域电磁法探测地下管线奠定了物理基础。

2.2.3 电磁场的频率特性

为了简单地分析二次场的全部频率特性，可采用下面的物理模拟电路进行说明。即把地下导体看成电阻 R 和电感 L 组成的串联闭合电路，并且回路沿着导体边缘。这种简单模拟所得到的响应函数 $\dot{I}_2$（或 $\dot{H}_2$）与经过严格计算得到的响应函数相似。

下面我们就利用这种物理模拟电路推导出二次电流与二次磁场的一般表达式，并分析二次场与一次场之间的相位关系。

将交变电流 $\dot{I}_1 = I_{10}\mathrm{e}^{\mathrm{i}\omega t}$ 通入发射线圈 T 中，使其产生一次交变磁场 $\dot{H}_1 = H_{10}\mathrm{e}^{\mathrm{i}\omega t}$，则在上述模拟回路中产生的感应电动势 (E) 为：

$$E = \frac{\mathrm{d}\Phi}{\mathrm{d}t} = -M\frac{\mathrm{d}I_1}{\mathrm{d}t} = -\mathrm{i}\omega MI_1 \tag{2-1}$$

式中，M 为发射线圈与模拟回路间的互感系数，其值由发射线圈和模拟回路的形状、大小、间距、方位及介质磁导率等因素决定。回路中产生的感应电流 $\dot{I}_2$ 为：

$$\dot{I}_2 = \frac{E}{R+\mathrm{i}\omega L} = -\mathrm{i}MI_1\frac{\omega}{R+\mathrm{i}\omega L} = -MI_1\left(\frac{\omega^2 L}{R^2+\omega^2L^2} + \mathrm{i}\frac{\omega R}{R^2+\omega^2L^2}\right) \tag{2-2}$$

感应电流的虚、实分量可分别表示为：

$$\mathrm{Im}\,\dot{I}_2 = -MI_1\frac{\omega R}{R^2+\omega^2L^2} \tag{2-3}$$

$$\mathrm{Re}\,\dot{I}_2 = -MI_1\frac{\omega^2 R}{R^2+\omega^2L^2} \tag{2-4}$$

其中，虚分量电流 $\mathrm{Im}\,I_2$ 是由于一次场穿过回路时在回路中所产生的感应电流；而实分量电流 $\mathrm{Re}\,I_2$ 则是导体整体的自感作用所产生的电流。

感应电流 I_2 在其周围产生二次磁场。空间某点的二次磁场 $\dot{H}_2$ 为：

$$\dot{H}_2 = -MI_1G\left(\frac{\omega^2 L}{R^2+\omega^2L^2} + \mathrm{i}\frac{\omega R}{R^2+\omega^2L^2}\right) \tag{2-5}$$

式中：G 为几何因子。可以看出，二次磁场 $\dot{H}_2$ 也分虚、实分量两部分。其中虚分量磁场 $\mathrm{Im}\,\dot{H}_2$ 是由虚分量电流 $\mathrm{Im}\,\dot{I}_2$ 产生的；实分量磁场 $\mathrm{Re}\,\dot{H}_2$ 则由实分量电流 $\mathrm{Re}\,\dot{I}_2$ 形成。对于虚分量电磁法来说，所观测的就是虚分量磁场 $\mathrm{Im}\,\dot{H}_2$。在空间上，又有垂直虚分量和水平虚分量之分。实分量的情况也是如此。顺便指出，虚、实分量和垂直、水平分量是两个完全不同的概念。虚、实分量是指时间（或相位）关系，而垂直、水平分量则是指空间关系。

在电磁法探测工作中，一般来说，地面上任一观测点的磁场 $\dot{H}$ 是一次场和二次场的总和场。由于二次场与一次场之间有相位差，故总和场与一次场的相位一般也不同，相互之间的关系如图 2–4 所示。图中，横坐标轴为实轴，纵坐标轴为虚轴。以一次场 $\dot{H}_1$ 作为相位的参考标准，则它只有实分量而无虚分量。对于二次场 $\dot{H}_2$，在负异常点，它的相位角 φ_2 在 $-90°\sim-180°$ 之间；在正异常点，则相位角 φ_2 在 $0°\sim90°$ 之间。$\dot{H}_2$ 滞后 $\dot{H}_1$ 的相位为 $\pi/2+\varphi_2$。其中，$\pi/2$ 是由电磁感应定律决定的，φ_2 则由地下导体的性质和频率确定。

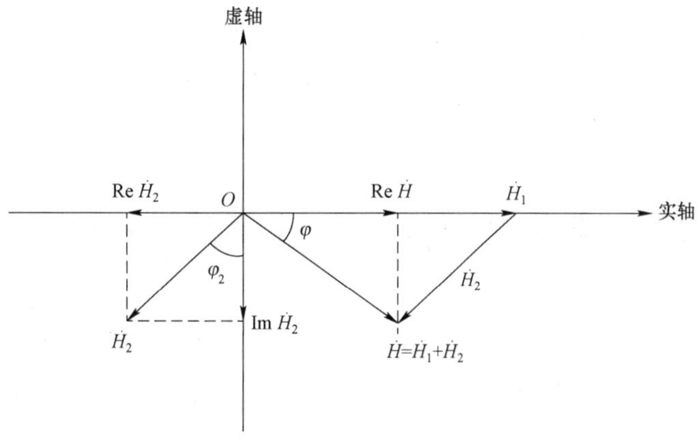

图 2–4　一次场、二次场与总和场的关系

由图 2–4 可得：

$$\varphi_2 = \arctan\frac{\mathrm{Re}\,\dot{H}_2}{\mathrm{Im}\,\dot{H}_2} = \arctan\frac{\omega L}{R} \tag{2–6}$$

2.2.4　二次场的频率特性

为了说明二次场的频率特性，可将式（2–5）改写成如下形式：

$$\dot{H}_2 = -\frac{MI_1G}{L}\left(\frac{\alpha^2}{1+\alpha^2} + \mathrm{i}\frac{\alpha}{1+\alpha^2}\right) \tag{2–7}$$

式中：α 称为响应函数，或称为地下导体的品质因数，由地下导体的电磁性质与频率 $\omega = 2\pi f$ 决定。分析式（2–7）可知，由于式中的括号部分仅与地下导体的电磁性质和频率 ω 有关，而与发射线圈、接收线圈及地下导体的相互位置无关，与线圈位置有关的仅是括号前面的因子，所以，二次场 $\dot{H}_2$ 既与导体性质、频率有关，又与线圈位置有关。令 $-\frac{MI_1G}{L}=1$，从式（2–7）推出二次场 $\dot{H}_2$ 异常场的频率特性：

$$\dot{H}_2 = \frac{\alpha^2}{1+\alpha^2} + \mathrm{i}\frac{\alpha}{1+\alpha^2} \tag{2–8}$$

从式（2–8）可以看出：

① 低频时，虚分量值与频率成正比；当频率增高到 $\omega = \frac{R}{L}$ 时，出现峰值，此时的频率称为最佳频率 f_0。继续提高频率，则虚分量反而减小。

② 低频时，实分量与频率平方成正比，其值小于虚分量。当频率增加到 $\omega = \frac{R}{L}$ 时，虚、实分量相等。继续提高频率，实分量将大于虚分量，但实分量的上升速度减慢，最后达到饱和。

这说明，地下金属管线所产生的异常场是随着工作频率的不同而变化的，为了获得较强的异常，必须改变并选择合适的工作频率。同时，由于地下不同目标体之间电磁性质存在差异，所以改变频率有助于识别并区分这些目标体。

还应指出，当地下导体的电磁性质一定时，改变发射线圈、接收线圈与地下导体的相对位置，异常场 H_2 的空间分布也会发生变化。地下管线的频域电磁探测法中就同时应用到异常场随空间与频率而变化这两方面的理论。

2.3 频率域电磁场特征及其在管线探测中的应用

频率域电磁法探测管线是以地下管线与周围介质的导电性及导磁性差异为主要物性基础，根据电磁感应定律观测和研究电磁场的空间与时间分布规律，从而达到寻找地下金属管线的目的。最常用的设备为地下管线探测仪。

2.3.1 频率域电磁场的特征

各种金属管道或电缆与其周围的介质在导电率、导磁率、介电常数方面有较明显的差异，这为电磁法探测地下管线提供了有利的地球物理前提。由电磁学知识可知：无限长载流导体在其周围存在磁场，而且该磁场在一定的空间范围内是可被探测到的。因此，如果能使地下管线带上电流，并且把它理想化为一根无限长载流导线，通过在地面测其产生的磁场，便可以间接地测定地下管线的空间状态。

真正的无限长直管线在实际工作中并不存在，但等效的无限长直管线却常见。当在垂直于管线走向的某一剖面进行观测时，若该剖面距管线某一端（或管线走向变向点）的距离远大于管线埋深时（4～5 倍或更大），即可把该管线端视为无限延伸。

在直角坐标系中，磁场可分为水平分量 $\boldsymbol{H}_x$ 和垂直分量 $\boldsymbol{H}_z$，测量磁场水平分量和垂直分量的方法，称为水平分量法或垂直分量法。

图 2–5 给出了水平无限长直导线中电流的磁场分量曲线，纵坐标是 $H_x^{\max}$ 进行归一化处理后形成的 H 条件单位，横坐标是发射机与接收机之间的水平距离 (x) 与管线中心埋深比 (h)。

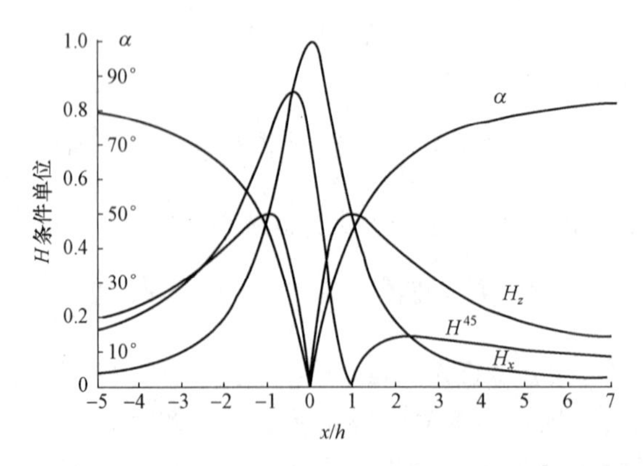

图 2–5　水平无限长直导线中电流的磁场分量曲线

从图 2–5 可以看出各曲线的特点如下。

① H_x 曲线：它是单峰纵轴对称异常曲线。该异常峰值正好在管线正上方（$x=0$ 处），在该点，H_x 的斜率为 0。该异常范围较窄，异常半极值点宽度正好是管线埋深的两倍。0.8 倍极值的宽度正好是管线的埋深。

② H_z 曲线：它是原点对称曲线。曲线的过零点，或 H_z 振幅绝对值曲线的最小点（哑点）正好与管线在地面上的投影相对应，且斜率最大。在 $\frac{x}{h}=\pm1$ 处，H_z 取得极值。H_z 作为一个完整的异常，其模式一定要满足振幅的变化格式：小—大—小—大—小，即哑点—峰值—哑点—峰值。

③ α 曲线：它是原点对称曲线。曲线的过零点正对应管线在地面上的投影。在过零点附近，曲线的斜率最大。$\alpha=\pm45°$ 间的距离等于管线埋深的两倍。

④ H^{45} 曲线：它是双峰异常曲线，但一个峰值（极值）大，一个峰值较小。曲线的过零点（哑点）正好与 $\frac{x}{h}=\pm1$ 相对应，即过零点与 H_z 分量的过零点间的距离正好等于管线的埋深。

经过对上述异常曲线的对比研究可以清楚地看出：

①在管线的正上方，即 $x=0$ 处：$H_z=0$、$H_x=H_x^{\max}$，$\alpha=0$；

②在 $\frac{x}{h}=1$ 处，即 $x=h$ 位置处：$H_z=H_z^{\max}=\frac{1}{2}H_x^{\max}$，$H_x=\frac{1}{2}H_x^{\max}$，$\alpha=45°$

2.3.2　管线定位、定深方案

分析异常曲线特征点上的特征值，可以组合成下述三种可行的地下管线定位、定深方案。

1. 方案一

利用 H_z=0 的点确定管线的平面位置。利用 H^{45}=0 对应点的位置，量出它与 H_z=0 对应点的距离，便可直接求出埋深。零点附近曲线的斜率大，定位的准确性高，是单一管线探测较为理想的方案，在外界干扰较严重和多管线地段会遇到麻烦，应慎重。

2. 方案二

利用 H_x=$H_x^{\max}$ 的点确定管线的平面位置，利用半极值点间的距离（等于 $2h$）求埋深。这就是所谓的“单峰法”“单天线法”“水平分量特征值法”，一般称之为极大值法。从数学的角度讲，这种技术的定位精度是不高的，因为在 $H_z^{\max}$ 所在点附近，曲线的变化率最小。水平分量曲线最具吸引力的地方在于它的异常幅度最大和异常形态单一，特别是对决定平面位置和埋深起关键作用的半极值以上的那些异常值，在所能观测到的各类异常特征点中具有最高的信噪比，因而利用水平分量异常来探测管线可以更准、更深。

3. 方案三

利用 H_z=0 的点确定管线的水平位置，利用 $H_z^{\max}$ 点的位置与 H_z=0 的点间距离（正好等于 h）确定埋深。这就是所谓的“垂直分量特征值法”，亦称为极小值法。由于极值点附近场强的变化太慢，以致在实际观测中很难精确找出极大值点的位置，所以求埋深的精度不高。

如果再遇到干扰大的地段，确定平面位置所需的极小值点又找不准，导致这种方案的实用性较差。

以上三种方案都是利用各种异常在水平方向上的变化特征来确定管线的平面位置和埋深的。与 H_z 曲线相比，H_x 曲线的异常更简单、直观，所测数据的精度或可靠性大于 H_z，其异常值也大，容易发现，特别是在埋深较大时用极大值法定位要比用极小值法更优越。

2.3.3 频率域电磁法使用条件和适用范围

1. 使用条件

频率域电磁法的工作原理是：发射机在发射线圈上施加交变电流，产生交变的电磁场，称为一次场，地下管线在一次场的激励下形成交变电流，称为二次电流，地下管线在二次电流的作用下形成的电磁场，称为二次场。通过接收机的接收线圈来测定二次场，根据二次场特征来寻找地下管线。因此，利用电磁感应原理的频率域电磁法进行探测时，主要探测目标是金属管线和电缆，对有出入口的非金属管道（如排水管、电力预埋水泥管），配上可置入管道内的示踪器，也可以进行探测。频率域电磁法探测的地下管线应是金属材质，且一般应满足下列应用条件：

① 被探测管线与周围介质要有明显的导电性、导磁性、介电常数差异；

② 被探测管线相对于埋深、介质等，具有一定的管径和延伸长度；

③ 干扰因素与探测目标体存在能分辨出的异常；

④ 工作环境应满足基本的工作要求。

2. 适用范围

考虑上述各条件间具有相对关系。根据基础理论及实际工作经验的积累，在表 2–1 中给出了频率域电磁法探测地下管线的方法分类和适用范围。

表 2–1 频率域电磁法探测地下管线的方法分类和适用范围

方法名称		基本原理	使用特点	应用范围	适应管类
被动源法	工频法	利用电力电缆电源、工业游散电流对金属管线感应所产生的二次场	方法简便，成本低，工作效率高，缺点是不能精确定深、定位	对探测区域盲测，能避免丢漏管线，是一种简便、快速的方法	即“P”模式，可探测电力和大地游散电流被激发的热力、燃气、工业等金属管线
	甚低频法	利用甚低频无线电发射台的电磁场对金属管线感应所产生的二次场	方法简便，成本低，工作效率高，缺点是不能精确定深、定位	在一定条件下，可用来探测通信电缆或金属管线	即“R”模式，主要适用于通信类管线的探测和个别被激发的金属管线的探测，激发能力比游散电流要差
主动源法	直接法	发射机一端接被查金属管线，另一端接地或接金属管线另一出露点，直接将场源信号施加到被查金属管线上	信号强，定位、定深精度高，且不易受邻近管线的干扰，但要求被查金属管线必须有出露点	金属管线有出露点时，用于定位、定深或追踪各种金属管线	除线缆类、燃气和易燃的工业管线外，其他金属管线均可采用该方法

续表

方法名称		基本原理	使用特点	应用范围	适应管类
主动源法	夹钳法	把专用地下管线仪配备的夹钳夹套在金属管线上，通过夹钳上的感应线圈把信号施加到金属管线上	信号强，定位、定深精度高，且不易受邻近管线的干扰，方法简便，但被查管线必须有管线出露点，且被测管线的直径受夹钳大小的限制	用于探测直径较小且有出露点的金属管线，可做定位、定深或追踪	只要管径大小适合，所有管线均可以使用
	感应法	利用发射线圈产生的电磁场对金属管线感应所产生的二次场	发射、接收均不需接地，操作灵活、方便，效率高，效果好	可用于搜索金属管线，也可用于定位、定深或追踪	所有管线均适用
	示踪法	将能发射电磁信号的示踪探头或电缆送入非金属管道内，在地面上用仪器追踪信号	能用探测金属管线的仪器探测非金属管道，但必须有放置示踪器的出入口	用于探测出入口的非金属管道	一般适用于暗沟、暗河之类未封闭的非金属管线

2.3.4　地下管线探测仪简介

地下管线探测仪又称管线仪或探管仪，它能利用电磁感应原理探测地下金属管线、电/光缆，以及一些带有金属标志线的非金属管线。地下管线探测仪经历了发射频率从高频到低频、从单频到双频到多频，功率从小于一瓦到几瓦、几十瓦的历程。20 世纪 80 年代后，仪器的信噪比、精度和分辨率大大提高，而且更加轻便和易于操作。

英国雷迪公司 RD 系列地下管线探测仪采用先进的技术和工艺，在功能、性能和应用范围等方面均得到了充分的验证。该公司先后推出 RD 系列产品，如 RD6000、RD8000（见图 2–6、图 2–7）地下管线探测仪，由于采用差分技术、相位识别技术和超强的发射机，精度比 RD4000 有所提高，是探测煤气、电力、电信和给排水等各类地下管线的有效仪器。

图 2–6　RD8000 地下管线探测仪

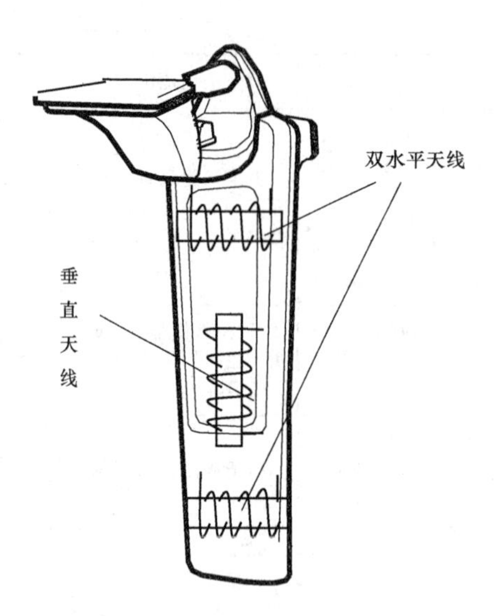

图 2–7　RD8000 地下管线探测仪接收机结构图

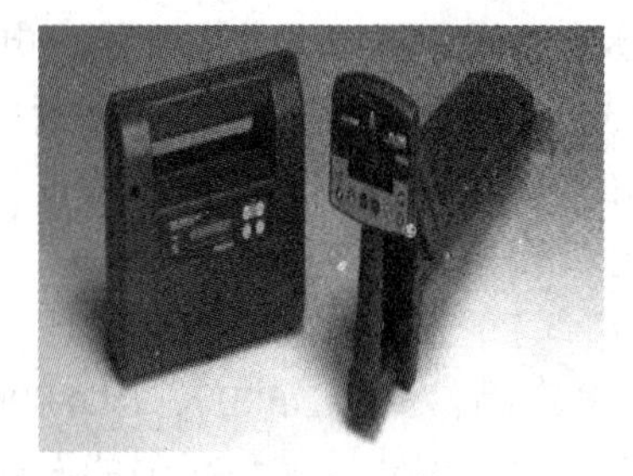

图 2–8　PL–960 地下管线探测仪

日本富士株式会社生产的 PL 系列地下管线探测仪，采用多频率工作模式，也是具备综合管线探测能力的首选仪器，特别是对球墨铸铁管的探测更是具有独到之处，图 2–8 是 PL–960 地下管线探测仪。

当然，在地下管线探测仪方面，也有国产的 GXY 系列、SL 系列，以及美国等生产的地下管线探测仪，其工作原理是相同的。

2.4　探地雷达探测原理及应用

探地雷达是近几十年发展起来的一种探测地下目标的有效仪器，它利用天线发射和接收高频电磁波来探测地下管线，适用于各种地下管线的探测。

2.4.1　探地雷达探测原理

依电磁波理论，探地雷达采用的是一种对地下或物体内不可见的目标或界面进行定位的电磁技术，其工作过程示意图如图 2–9 所示。

探地雷达利用高频电磁波（$n\times10^6 \sim n\times10^9$ Hz），以宽频带、短脉冲形式由地面发射天线（T）定向送入地下，当遇到与周围介质有介电性差异的地层或目标体时，部分能量被反射回地面，被接收天线（R）所接收，反射波示意图如图 2–10 所示，脉冲波双程走时如下：

$$t = \frac{\sqrt{4h^2 + x^2}}{v} \tag{2-9}$$

式中：h 为反射体的深度，x 为发射天线和接收天线之间的距离，v 为地下介质的波速。

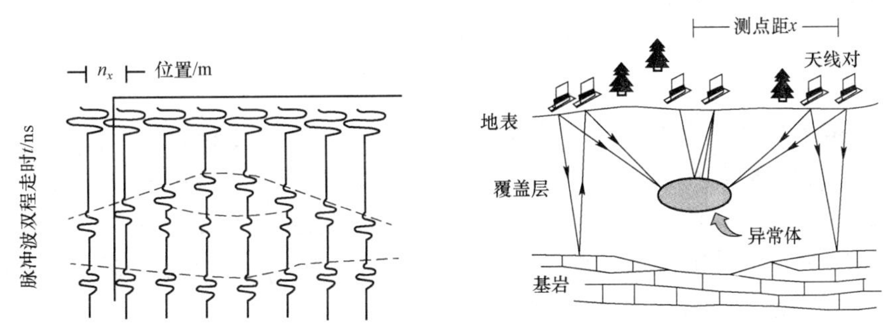

图 2–9　探地雷达工作过程示意图

x 在剖面探测中是固定的，当地下介质的波速 v 已知时，通过观测到精确的 t 值，便能求出反射体的深度 h。雷达图形以脉冲反射波的波形形式记录，波形的正负峰分别以黑白色表示，或对其记录剖面以灰阶或彩色表示，这样同相轴或灰阶度、等色谱即可形象地表征出地下反射面分布。

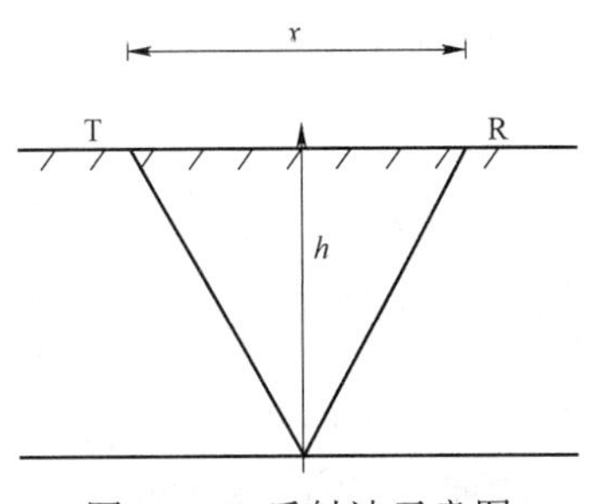

图 2–10　反射波示意图

电磁波在介质中的传播路径、电磁场强度与波形将随所通过介质的电磁性质及几何形态的变化而变化。故通过对时域波形的处理和分析，便可查明地下界面或地下管线。探地雷达脉冲信号的强度与反射界面的波反射系数和穿透介质对波吸收程度有关，其界面两侧介质的物性参数（主要是介电常数）差别越大，反射波的能量也越大；地表电阻率 ρ 决定了电磁波的衰减度，电阻率越小，则探测深度就越小。一般来说，探地雷达不适合地表电阻率小于 100 Ω • m 地区的探测（如存在黏土和粉砂质地层以及地下水的环境）。另外，由电磁波的趋肤理论可知，脉冲的频率越低，其穿透能力越大。

2.4.2　确定探地雷达的最大探测深度

探地雷达能探测到最深的目标体的深度称为探地雷达的最大探测深度。探测深度是关系到探地雷达技术能否运用的一个关键因素。

探空雷达的探测距离一般可通过雷达方程来确定，因为雷达方程将雷达的作用距离和雷达发射、接收、天线和环境等因素联系起来。但探地雷达与探空雷达不同，不能直接由雷达方程来确定其探测深度，原因在于探地雷达天线辐射的电磁波在路面结构中传播特性较为复杂，因介质不同会有不同的衰减。对探地雷达，目前还没有一套比较成熟、严格的理论体系

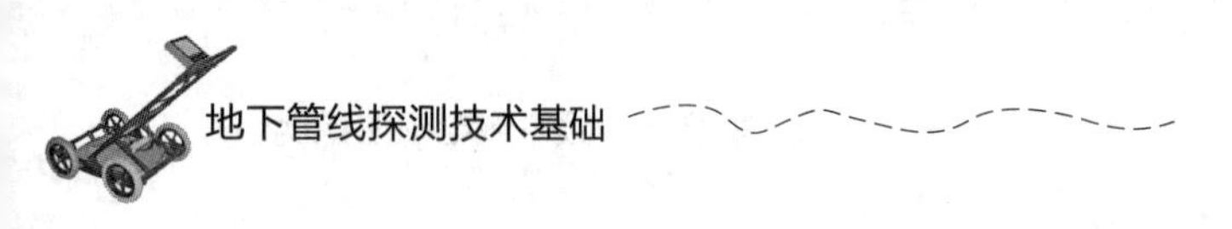

来描述探地雷达的工作性能。在此采用修正后的雷达方程来估算探地雷达的探测深度。

用信号能量表示的雷达方程为：

$$\frac{P_{\mathrm{r\,min}}}{P_{\mathrm{t\,max}}}=\frac{\eta_{\mathrm{T}x}\eta_{\mathrm{R}x}G_{\mathrm{T}x}G_{\mathrm{R}x}\lambda^{2}\sigma_{\mathrm{b}}}{64\pi^{3}R^{4}{}_{\max}} \tag{2-10}$$

式中：$P_{\mathrm{r\,min}}$ 为雷达的最小可检测信号的功率，$P_{\mathrm{t\,max}}$ 为雷达的最大发射功率；$P_{\mathrm{r\,min}}=kT_{\mathrm{n}}B_{\mathrm{n}}F_{\mathrm{n}}(S/N)_{\min}$，其中 k 为玻尔兹曼常量，T_{n} 为接收单元的等效噪声温度，F_{n} 为噪声指数，B_{n} 为噪声频带宽度，S/N 表示信号平均功率与噪声平均功率的比值；$\eta_{\mathrm{T}x}$、$\eta_{\mathrm{R}x}$ 分别为雷达发射天线和接收天线的增益；λ 为电磁波的波长；σ_{b} 为目标的散射截面积；$R_{\max}$ 为雷达的最大探测距离；$G_{\mathrm{T}x}$、$G_{\mathrm{R}x}$ 分别为发射天线和接收天线的有效增益。

但对于探地雷达，考虑到电磁波在路面介质中的衰减特性，需将雷达方程进行修正，修正后的雷达方程为：

$$\frac{P_{\mathrm{r\,min}}}{P_{\mathrm{t\,max}}}=\frac{\eta_{\mathrm{T}x}\eta_{\mathrm{R}x}G_{\mathrm{T}x}G_{\mathrm{R}x}\lambda^{2}{}_{\mathrm{m}}\sigma_{\mathrm{b}}\mathrm{e}^{-4ad_{\max}}}{64\pi^{3}R^{4}{}_{\max}} \tag{2-11}$$

式中，λ_{m}、a 分别为介质中脉冲电磁波中心频率的波长（单位为 m）和衰减系数（单位为 dB/m），在一般的路面介质中，衰减系数与电磁波的频率有关，且随频率的升高而增大；$d_{\max}$ 为探地雷达所能探测的最大深度（单位为 m）：

式（2–11）可改写为：

$$\frac{P_{\mathrm{r\,min}}}{P_{\mathrm{t\,max}}G_{\mathrm{T}x}G_{\mathrm{R}x}\eta_{\mathrm{T}x}\eta_{\mathrm{R}x}}=\frac{\lambda^{2}{}_{\mathrm{m}}\sigma_{\mathrm{b}}\mathrm{e}^{-4ad_{\max}}}{64\pi^{3}R^{4}{}_{\max}} \tag{2-12}$$

从式（2–12）可看出，等号的左端主要与探地雷达系统性能有关，右端主要与环境和探测目标有关。对于给定的探地雷达系统，左端的值是一定的。因此探地雷达的最大探测深度主要与环境因素和目标特性有关。由电磁理论可知，电磁波在介质中传播时中心频率的波长 λ_{m} 为：

$$\lambda_{\mathrm{m}}=\frac{c}{f_{\mathrm{c}}\sqrt{\varepsilon_{\mathrm{r}}\mu_{\mathrm{r}}}} \tag{2-13}$$

式中：c 为电磁波在真空中的传播速度（3×10^{8} m/s）；f_{c} 为脉冲信号的中心频率；ε_{r}、μ_{r} 分别为介质的相对介电常数和磁导率。由式（2–13）可看出，探地雷达天线的中心频率越高，介质的相对介电常数和磁导率越大，λ_{m} 值越小，在其他条件不变的情况下探地雷达所能探测的最大深度越浅。商用探地雷达一般允许介质的吸收损耗达 60 dB。当介质吸收系数＜0.1 dB/m（这符合通常的地质环境），则可用 Annan 给出的探测深度 $d_{\max}$ 简易估算式进行估算：

$$d_{\max}<\frac{30}{a}\quad 或\quad d_{\max}<\frac{35}{\sigma} \tag{2-14}$$

式中：a 是介质吸收系数，单位为 dB/m；σ 是电导率，单位为 S/m。

探地雷达的探测深度与中心频率之间的对照关系见表 2–2。

表 2–2　探地雷达的探测深度与中心频率之间的对照关系

天线频率	探测深度/m
2.5 GHz	0.30～0. 60
1.0 GHz	0.60～1.00

续表

天线频率	探测深度/m
900 MHz	0.75～1.50
400 MHz	1.50～3.00
300 MHz	3.00～6.00
100 MHz	10.00～20.00

需要指出的是，这种深度值只是相对的，对于不同分辨率要求和不同介质，即使运用同一种探测天线，当电磁波穿过的介质电导率不同时，其探测深度也有很大差异。这一点从 Annan 给出的探测深度 d_{max} 简易估算公式中也可看出。

探地雷达进行实地探测时，首先需要根据地质资料和工程经验估算目标体深度、常见介质的物理参数（见表 2–3），再根据上述关系来选择雷达天线的中心频率。

表 2–3　常见介质的物理参数

介质	电导率 σ /（10^3 S/m）	相对介电常数 ε_r	波速 v/（10^6 m/s）	衰减系数 a/（dB/m）
空气	0.00	1.0	0.30	0.00
洁净水	0.50	81.0	0.03	0.10
海水	3 000.00	81.0	0.01	103.00
冰	0.01	3.0～4.0	0.17	0.01
花岗岩（干–湿）	0.01～1.00	5.0～7.0	0.15～0.10	0.01～1.00
灰岩（干–湿）	0.50～2.00	4.0～8.0	0.11～0.12	0.40～1.00
砂（干–湿）	0.01～1.00	3.0～30.0	0.05～0.06	0.01～3.00
黏土	2.00～1 000.00	5.0～40.0	0.06	1.00～300.00
页岩	1.00～100.00	5.0～15.0	0.09	100.00
淤泥	1.00～100.00	5.0～30.0	0.07	1.00～100.00
土壤	0.10～50.00	3.0～40.0	0.13～0.17	20.00～30.00
混凝土	—	6.4	0.12	—
沥青	—	3.0～5.0	0.12～0.18	—

2.4.3　探地雷达简介

目前在地下管线探测工程中使用的探地雷达很多。应用较多的探地雷达有瑞典 MALA 公司的 RAMAC 系列、加拿大探头及软件公司（SSI）的 pulseEKKO 系列、美国地球物理测量系统公司（GssI）的 SIR 系列和意大利 IDS 公司的 RIS 系列等，也有一些国产探地雷达应用于地下管线探测工作。下面对瑞典探地雷达 MALA/GPR 做简要介绍。

探地雷达（见图 2–11），既可以探测金属管线，也可以探测各种材质的非金属管线。地下管线探测仪与探地雷达结合使用，是地下管线探测的有效方法。

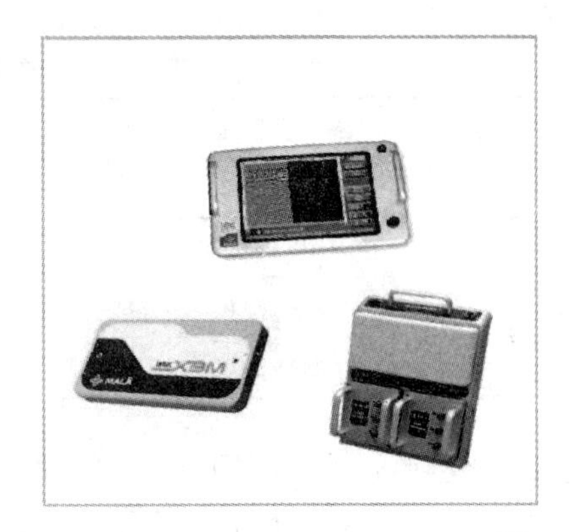

图 2–11　探地雷达

1. 探地雷达的主要特点

① 高集成化，真数字式，高速，轻便。MALA 公司的探地雷达是当今世界上唯一可以单人操作的探地雷达。

② 系统集成化程度高，体积小，重量轻。

③ 功耗低，主机功耗仅为 25 W；系统耗电量低，无须电瓶供电，为野外工作提供方便。

④ 天线与主机之间采用光纤连接，频带宽，速度快，数据质量好，抗干扰能力强，因此发射机、接收机及主机之间不会相互干扰。

⑤ 由于采用高压窄脉冲技术，其发射脉冲源与天线一一对应，因此穿透能力强。

⑥ 100 MHz、250 MHz、500 MHz、800 MHz、1 200 MHz 及 1 600 MHz 天线采用屏蔽方式，因此其抗干扰能力强。

⑦ 主机可与低频、中频、高频天线全部兼容，同时与孔中天线也兼容，因此性价比高，为用户添置新天线节约资金。

⑧ 显示方式采用外接笔记本电脑方式，这样就不会因计算机技术的飞速发展而导致设备很快落后。

2. 探地雷达的技术参数

探地雷达的主要技术参数如表 2–4 所示。

表 2–4　探地雷达的主要技术参数

参数	参数值	参数	参数值
脉冲重复频率/kHz	100，200，330，…（最高可达 1 000）	A/D 转换	16 位
采样点数	128～8 192（用户自选）	迭加次数	1～32 768（自动或用户选择）
采样频率	0.2～100 GHz	信号稳定性	＜100 ps
通信方式	以太网	通信速度	100 Mbps
天线与主机连接	光纤	质量	1.9 kg
触发方式	距离、时间、手动	分辨率	5 ps
时窗范围	0～45 700 ns	扫描速率	1 000 次/s
工作温度	–20～+50 ℃	环境标准	IP67
供电	12 V 标准锂电池或 12 V 适配器	天线兼容性	兼容所有 MALA/GPR 天线

习题与思考 2

（1）电磁法探测原理是什么？

（2）简述电磁场衰减物理参数的关联关系。

（3）简述电磁场异常曲线的解释方法。

（4）简述频率域电磁场使用条件。

（5）如何确定探地雷达的最大探测深度？

（6）探地雷达有什么特点？

第 3 章　时间域电磁法探测原理

教学目标

（1）了解时间域电磁法的工作原理。

（2）熟悉时间域电磁场基本特点及主要应用领域。

（3）掌握瞬变电磁剖面异常特征及影响因素。

（4）能依据不同的探测需求合理选用仪器工作方式。

（5）掌握频率域电磁法和时间域电磁法的区别与适用领域。

3.1　时间域电磁法发展概况

时间域电磁法是苏联科学家 А. П. Каев 在 20 世纪 30 年代末提出的。同时期内，А. Н. Тихонов 等人对其做了论证，为 Л. Л. Ваянъян 远区建场测深方法（ЗСД）打下了基础。20 世纪 50 年代以后，В. А. Сидоров、В. В. Тикшаев 等人建立了近区建场测深方法（ЗСБ）。在同时期内，由 В. Х. Коваленк 及 Ф. М. Каменецкий 等人创立了应用于勘查金属矿产的过渡过程法（МПП）。20 世纪 60 年代以后，近区强场探测法和过渡过程法得到更广泛及成功的应用和发展，建立了适用于钻井、航空和海洋等领域的变种方法的理论和技术。由 Ф. М. Каменецкий 主编的《金属物探过渡过程法应用指南》及 В. А. Сидоров 编写的《脉冲感应电法勘探》反映了该方法在苏联的应用水平。

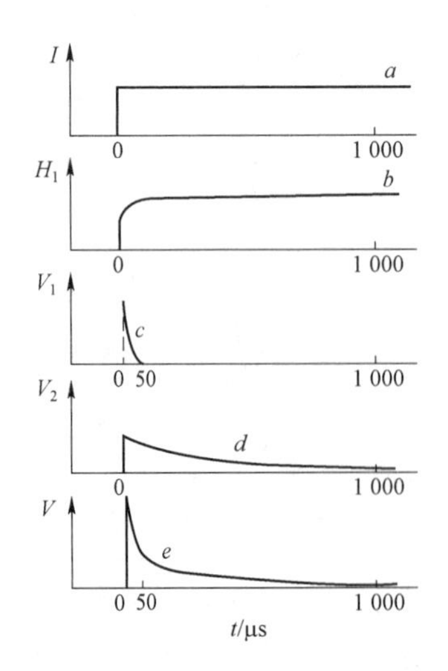

a—供电电流；b—一次磁场；c—接收线圈观测到的一次电压；d—导体响应引起的二次电压；e—总的电压。

图 3-1　用示波器观测的瞬变电磁场波形图

在西方，1951 年首先由 J. R. Wait 提出了利用 TEM 寻找导电矿体的概念，他在示波器屏幕上观测到的瞬变电磁场波形如图 3-1 所示，这种快速增长（或减小）的电磁场将使导体激发起涡流场，可以观测到如图 3-1 中所示的衰变电压。1958 年，加拿大 Barringer 公司开始研制应用于航空的 INPUT 系统，于 1962 年投入使用，经过多次改进，现已成为世界范围内应用的主要航电系统。地面仪器系统于 20 世纪 70 年代出现商业化产品，近些年不断涌现出智能化的仪器，代表性的有 EM–37、47、57、42，DEEPEM，UTEM，SIROTEM–II、III。此外，多功能电测站 GDP–16、12 及 V–5 等配置了用来进行 TEM 测量的功能。利用这些系统取得了不少引人注目的地质成果。理论研究方面的代表著作是 A. H. Kaufman 和 G. V. Keller 合著的《频域和时域电磁测深》及 M. N. Nabighian 主编的《应用地球物理学中的电磁方法》。

在我国，20 世纪 70 年代初期开始研究时间域电磁法，投入研究的单位有长春地质学院、中国地质科学院地球物理、地球化学勘查研究所、中国有色金属工业总公司矿产地质研究院及中南大学。这些单位各自都研制了仪器系统，进行了理论及方法技术研究，与野外队合作广泛开展了试验研究及推广应用，取得了一批效果较好的应用实例。出版的代表著作有：蒋邦远等的研究报告、朴化荣编著的《电磁测深法原理》及牛之琏等编著的《脉冲瞬变电磁法及应用》。尽管近些年在仪器研制方面取得了一些进展，但研制并投产世界级先进水平的仪器给野外生产使用仍然是当务之急。

3.2　时间域电磁法工作原理

时间域电磁法（time domain electromagnetic methods，TDEM）也称瞬变电磁法（transient electromagnetic methods，TEM）。它的工作原理是：将周期性的脉冲电流送入发射线圈，向地下发送一次脉冲磁场，当地下有良导体存在时，由于电磁感应原理，导体内会感应出涡流，涡流会在其周围空间产生二次场，当一次脉冲磁场中断后，二次场并不会立即消失，而是按指数规律逐渐扩散、衰减。研究二次场的时间特性，可发现地下良导体。

尽管 TEM 有各种各样的变种方法，但其数学物理基础都是基于导电介质在阶跃变化的激励磁场激发下引起的涡流场的问题。研究局部导体的瞬变电磁响应的目的在于勘查良导电金属矿体，发展和推广 TEM 的实践表明，它可以用来勘查金属矿产、煤田、地下水、地热、油气田及研究构造等各类地质问题。

提示：虽然时间域电磁法在地下管线探测中不怎么被采用，但它是电磁法的另一种工作模式，在城市地下空间探测和城市地质工作中也是一种不错的工作手段，是城市地质工作者常用的物探手段，所以在此对其做简要介绍，使电磁法更好地服务于城市地质工作。

3.3　瞬变电磁场的基本特点及探测优点

3.3.1　瞬变电磁场基本特点

TEM 中的瞬变电磁场，是指那些在阶跃变化电流作用下，地层中产生的过渡过程的感

应电磁场。因为这一过渡过程的电磁场具有瞬时变化的特点，故取名为瞬变电磁场，简称瞬变场。与谐变场情况一样，其激发方式也有接地式和感应式两种。在阶跃电流（通电或断电）的强大变化磁场作用下，良导介质内产生交变电磁场，其结构和频谱在时间与空间上均连续地发生变化。

在过程的早期，高频成分占优势，因此涡旋电流主要分布在地表附近，且阻碍电磁场的深入传播。在这一时期，电磁场主要反映浅层地质信息。随着时间的推移，介质中场的高频部分衰减（热损耗），而低频部分的作用相对明显起来，增加了穿透深度。在往下传播过程中遇到良导地层时，产生较强的涡旋电流，且持续时间也较长。

在过程的晚期，局部的涡流实际上衰减殆尽，而各层产生的涡流磁场之间的连续相互作用使场平均化。这时瞬变电磁场的大小主要依赖于地电断面总的纵向电导。

瞬变电磁场状态的基本参数是时间，这一时间依赖于岩石的导电性和收发距。在近区的高阻岩层中，瞬变场的建立和消失很快（几十到几百 ms）；而在良导地层中，这一过程变得缓慢。在远区，这一过程可持续几到几十 s，而在较厚的导电地质体中可延续到 1 min，甚至更长。

由此可见，研究瞬变电磁场随时间变化的规律，可探测具有不同导电性的地层分布（各层的纵向电导或地层总的纵向电导），也可以发现地下赋存的较大的良导矿体。

瞬变电磁场的激发源即一次磁场，是通过两种途径传播到观测点的。第一种途径是电磁能量直接经过空气瞬时传播到观测点。这时地表的每个波前点又成为新场源，在离发射装置足够远处，在地表面上形成垂直向下传播的不均匀平面波。第二种途径是由发射装置直接将电磁能量传入地中（从接地电极流进的或由电磁感应产生的）。这时，由于大地的趋肤效应，不可能立即在深部激发出瞬变场，而过一段时间后才能形成。由此可见，在过程早期，上述两种传播方式的一次场，在时间上是分开的，第二种方式的场建立得比较迟缓。随着时间的推移，这两种场叠加在一起，即形成瞬变场的极大值。在晚期，第一种场实际上衰减殆尽，第二种场则占优势。

瞬变场与谐变场比较，在结构上差别很大。谐变场的结构由一种频率的涡旋电流磁场决定，而瞬变场的结构从过程的一开始就由多种频率的涡旋电流磁场的相互作用所决定，电磁场各分量，如 $E_\chi(t)$ 、 $B_Z(t)$ 和 $\partial B_Z(t)/\partial t$ 的瞬时值依赖于所有谐波频率的总和，其中包括超高频和超低频。在数学上，可借助于傅里叶变换式来描述这一过程：

$$F(t)=\frac{1}{2\pi}\int_{-\infty}^{\infty}F(\omega)\frac{\mathrm{e}^{-\mathrm{i}\omega t}}{-\mathrm{i}\omega}\mathrm{d}\omega \tag{3–1}$$

式中，函数 F 可代表 E、B、$\partial B/\partial t$，而 $F(\omega)/-\mathrm{i}\omega$ 代表阶跃电流电磁场的频谱密度。

由此可见，如果在很宽频带内已知频率域电磁响应，则可利用上述傅里叶反变换确定瞬变场响应。这一原理的物理基础是，它们都研究基于电磁感应定律的涡旋电磁场，具有相同的物理原理。图 3–2 形象地给出了谐变场和瞬变场的涡旋电流场结构。由于瞬变场服从热传导规律，故随时间的增加该场向深处传播过程中逐渐向外扩散，可借用“烟圈”效应这一名词来描述。

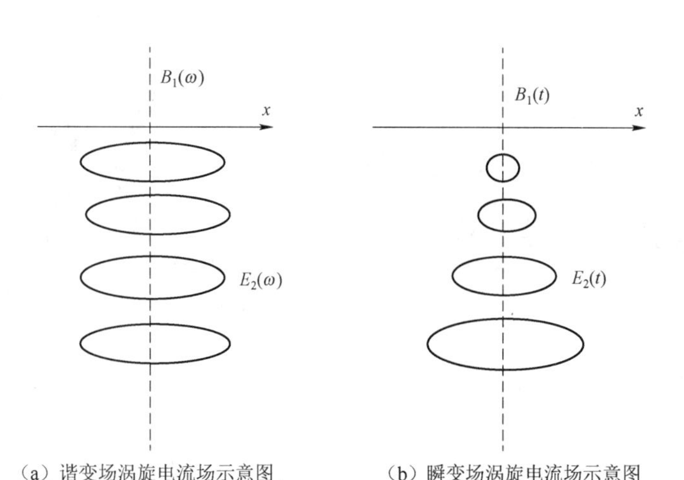

（a）谐变场涡旋电流场示意图　　（b）瞬变场涡旋电流场示意图

图 3–2　谐变场和瞬变场的涡旋电流场示意图

3.3.2　瞬变电磁场探测优点

① 由于施工效率高，纯二次场观测以及对低阻体敏感，使得瞬变电磁场在当前的煤田、水文、地质勘探中成为首选方法。

② 用瞬变电磁场在高阻围岩中寻找低阻地质体是最灵敏的方法，且不受地形影响。

③ 采用同点组合观测，与探测目标有最佳耦合，异常响应强，形态简单，分辨能力强。

④ 剖面测量和测深工作同时完成，提供更多有用信息。

3.4　TEM 仪器设备

TEM 仪器很多，可分为多功能电法工作站和专用瞬变电磁仪器。多功能电法工作站不但具备电磁探测功能，还具有大地电磁、音频大地电磁、可控源等多类电磁法探测功能，目前使用较为广泛的是加拿大 V8 系列仪器和美国 GDP32 系列仪器；而专用瞬变电磁仪器主要有加拿大 EM 系列仪器、澳大利亚 SM 系列仪器和国产 ATTEM 系列仪器。下面以 V8 多功能电法工作站为例对 TEM 仪器进行详细介绍。

3.4.1　仪器介绍

V8 系列仪器的发射机如图 3–3 所示，接收机如图 3–4 所示。

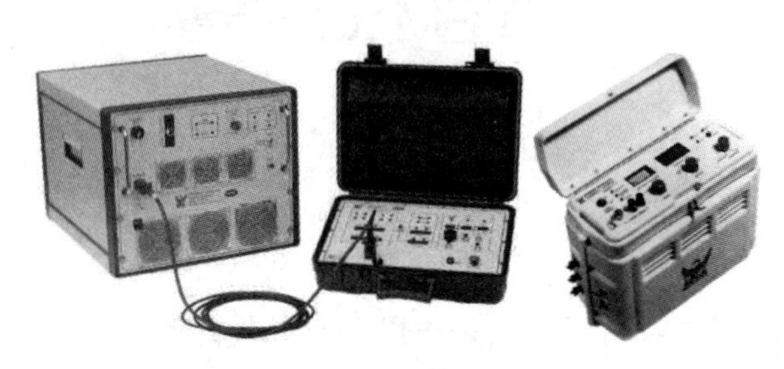

图 3–3　V8 系列仪器的发射机

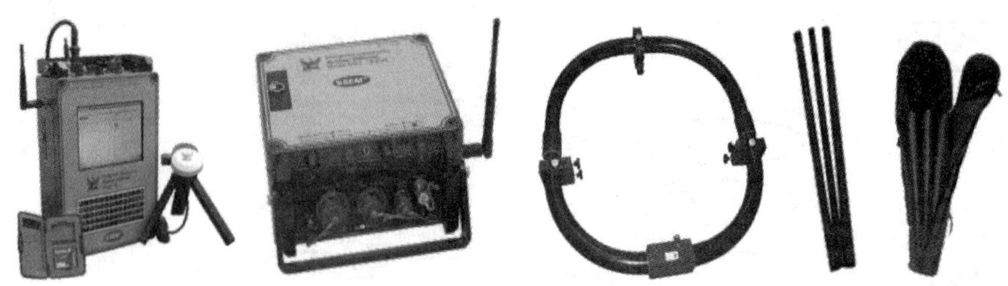

图 3–4　V8 系列仪器的接收机

3.4.2　仪器特点与技术参数

1. 仪器特点

① 24 位 A/D：非 TDEM 测量通道为 24 位（96 000 Hz），TDEM 测量通道为 16～24 位，速度为 5 Mbit/s。

② GPS sync：GPS+OCXO，±0.2 μs。

③ Radio Comm：采集单元及发射单元之间可使用无线电进行实时数据传输及控制，因此，V8 系列仪器既可作为一个独立的采集系统，亦可与多个采集单元联合使用，提高生产效率，降低施工劳动强度。

④ GUI：类 Windows 图形界面，宽温度工作范围、阳光下可视 LCD 显示屏。

2. 仪器技术参数

① 道数：3 个磁道，3 个电道，通过多个采集站（3 或 6 道）可组成网络化采集系统，道数不受限制。

② 频率范围：0.000 05～10 000 Hz。

③ 数据存储：512 MB 可插拔式闪存（可升级扩展）。

④ 模数转换器：每道一个，24 位 96 000 dps。

⑤ 质量：7 kg。

⑥ 键盘：触摸式防水 ASCII 键盘。

⑦ 显示器：多针、军用规格磁棒输入显示器。

⑧ 输入电压：12 V 直流。

⑨ 功率：15 W。

⑩ 工作温度：–20～+50 ℃。

3.5　TEM 工作装置

按 TEM 应用领域分，其工作装置主要有四类。

3.5.1　剖面测量工作装置

剖面测量工作装置如图 3–5 所示，它是被用来勘查金属矿产及地质填图的装置，分为同点装置、偶极装置和大定回线源装置三种。

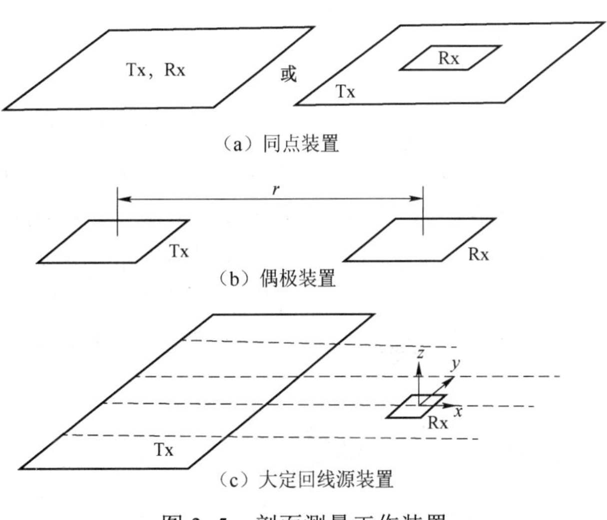

图 3–5　剖面测量工作装置

同点装置中的重叠回线是发送回线（Tx）与接收回线（Rx）相重合敷设的装置；由于 TEM 的供电和测量在时间上是分开的，因此 Tx 与 Rx 可以共用一个回线，称之为共圈回线。同点装置是频率域方法无法实现的装置，它与地质探测对象有最佳的耦合，是勘查金属矿产常用的装置。

偶极装置与频率域水平线圈类似，Tx 与 Rx 要求保持固定的发收距 r，沿测线逐点移动观测 $\mathrm{d}B/\mathrm{d}f$ 值。

大定回线源装置的 Tx 采用边长达数百米的矩形回线，Rx 采用小型线圈（探头），沿垂直于 Tx 长边的测线逐点观测磁场三个分量的 $\mathrm{d}B/\mathrm{d}t$ 值。

提示：后两种装置是频率域电磁法中常用的装置，只要频率域电磁法和时间域电磁法所使用的装置相同，则其异常剖面曲线形态是相同的。

3.5.2　测深装置

常用的 TEM 测深装置如图 3–6 所示，其中 AB 为工作剖面。中心回线装置是将小型多匝 Rx（或探头）放置于边长为 L 的发送回线中心观测的装置，常用于 1 km 以内浅层的测深工作。其他几种主要用于深部构造的测深，要求偶极距 r 大约等于目标层的深度。用 Rx 观测得到的 $\mathrm{d}B/\mathrm{d}t$ 值一般都换算成视电阻率参数，使用 $\rho_s \sim t$ 曲线进行反演推断。

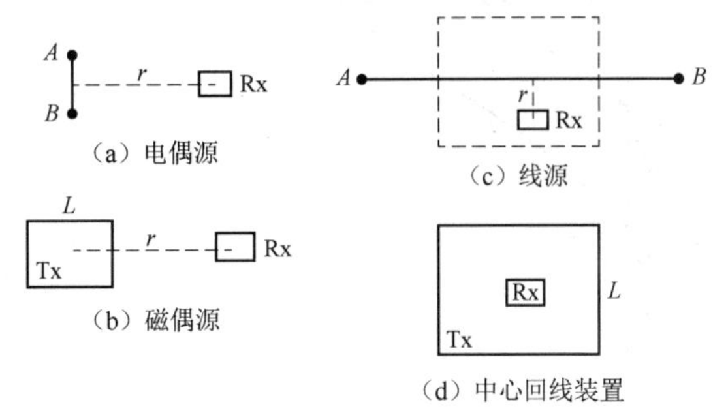

图 3–6　常用的 TEM 测深装置

3.5.3 井中装置

井中装置的地质目的在于探测分布于钻孔附近的深部导电矿体，并获得矿体形态、产状及位置等信息。发送回线通常以两种基本方式布置于地面，接收线圈（探头）沿钻孔逐点移动观测磁场井轴分量的 d*B*/d*t* 值。当勘查区有彼此靠近的多个钻孔的条件时，一般只敷设一个大发送回线［见图 3–7（a)］，从不同钻孔中观测到的异常变化规律可获得地下隐伏导体的位置等方面的信息。在仅有单个钻孔的情况下，需要在地面敷设五次发送回线［见图 3–7（b)］，根据 Tx 位于不同方位上所观测到的异常变化规律去反演有关参数。

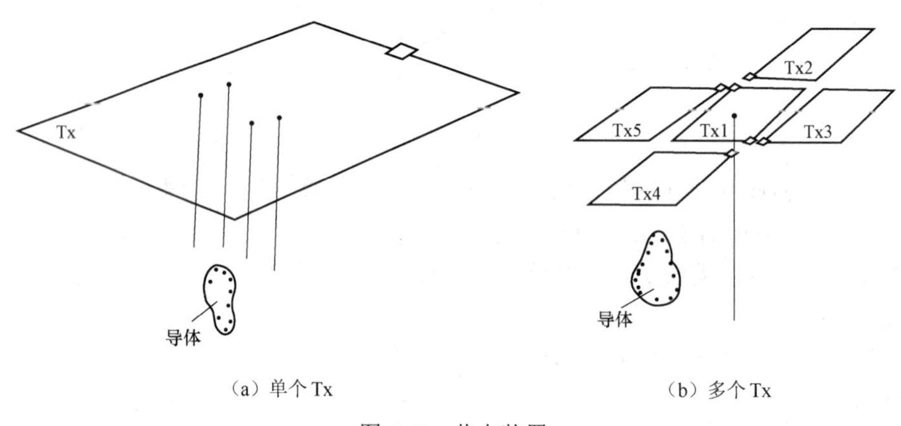

（a）单个 Tx　　（b）多个 Tx

图 3–7　井中装置

3.5.4 航空装置

如图 3–8 所示，航空装置的发送线圈安装于机身，接收线圈及前置放大器安装在吊舱之中，吊舱用电缆拖拽在飞机的后下部，飞行高度一般为 150 m。航空 TEM 方法主要应用于在大面积范围内快速普查良导电矿体及地质填图。

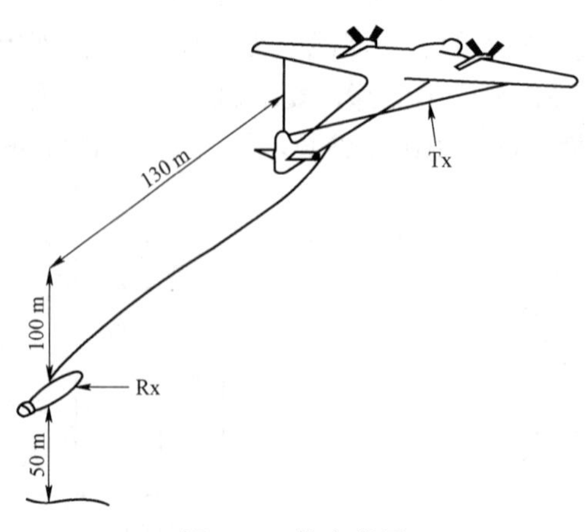

图 3–8　航空装置

3.6　DTM 设备观测参数

1. DTM 设备的观测物理量

DTM 设备的一次场波形、测道数及其时窗范围、观测参数及其计算单位等，不同厂家的设备之间有所差别。尽管绝大多数设备都使用接收线圈观测发送电流脉冲间歇期间的感应电压 $V(t)$ 值，但就观测读数的物理量及计量单位而言，可以分为以下几类。

① 用发送脉冲电流归一化的参数：仪器读数为 $V(t)/I$ 值，以 μV/A 作计量单位。

② 用一次场感应电压归一的 V_1 参数，例如加拿大 Crone 公司的 PEM 系统，观测值是用一次场刚要切断时刻的感应电压 V_1 值来加以归一，计量单位采用 Crone 单位。

③ 归一到某个放大倍数的参数，例如加拿大的 EM–37 系统，野外观测值为：

$$m = V(t) \times g \times 2^N$$

式中，$V(t)$ 为接收线圈中的感应电压值；g 为前置放大器的放大倍数；2^N 为仪器公用通道的放大倍数，N=1，2，…，9。m 值以 mV 为单位。

2. DTM 设备的导出参数

为了便于对比，在整理数据时，无论用哪种仪器，一般都要求换算成下列几种导出参数，并以这几种参数作图。

1）瞬变值 $B(t)$

$B(t) = \mathrm{d}B(t) / \mathrm{d}t = V(t) / (S_\mathrm{R} N)$，以 nV/m^2 计量。这里，$S_\mathrm{R}$ 表示接收线圈的面积，N 为接收线圈的匝数。有时采用 $B(t)/I$，以 nV/(m^2 • A)计量。

由 $V(t)/I$ 观测值换算成 $B(t)$ 的公式为：

$$B(t) = \frac{[V(t)/I] \times 10^3}{S_\mathrm{R} N} \tag{3–2}$$

由 m 观测值换算成 $B(t)$ 的公式为：

$$B(t) = \frac{m \times 10^6}{S_\mathrm{R} N} \tag{3–3}$$

由 Crone 单位观测值 R_C 换算成 $B(t)$ 的公式为：

$$B(t) = \frac{R_\mathrm{C} \times 6 \times 10^6}{G \times 10^{(n-1)/7} \times 400} \tag{3–4}$$

式中：G 为放大倍数，n 为测道数。

2）其他导出参数

① 磁场 $B(t)$ 值，以 pW/m^2 为单位计量。

② 视电阻率 $\rho_\tau(t)$ 值，以 Ω • m 为单位计量。

③ 视纵向电导 $S_\tau(t)$ 值，以 S 为单位计量。

3.7 规则形体上瞬变电磁剖面异常特征及影响因素

3.7.1 水平圆柱体上同点装置的剖面异常特征

图 3–9 为水平圆柱体上的物理模拟试验结果，左侧纵坐标为接收回线上观测到的归一化感应电压值，单位为μV/A。由图可见，不同测道的剖面曲线在柱顶上均出现有单峰异常。异常随测道时间的延长而衰减，其衰减速度决定于时间常数 τ ，$\tau_{柱} = \mu\sigma r^2 / 5.82$ 。式中 μ 为磁导率，σ 为电导率，r 为柱体半径。

研究表明，球体上也会出现对称于球顶的单峰异常，但球体的时间常数 $\tau_{球} = \mu\sigma r^2 / \pi^2$ ，$\tau_{柱} = 1.8\tau_{球}$ 。故在半径 r 相同的条件下，球体异常随时间衰减的速度要比水平圆柱体快得多，异常范围也比较小。

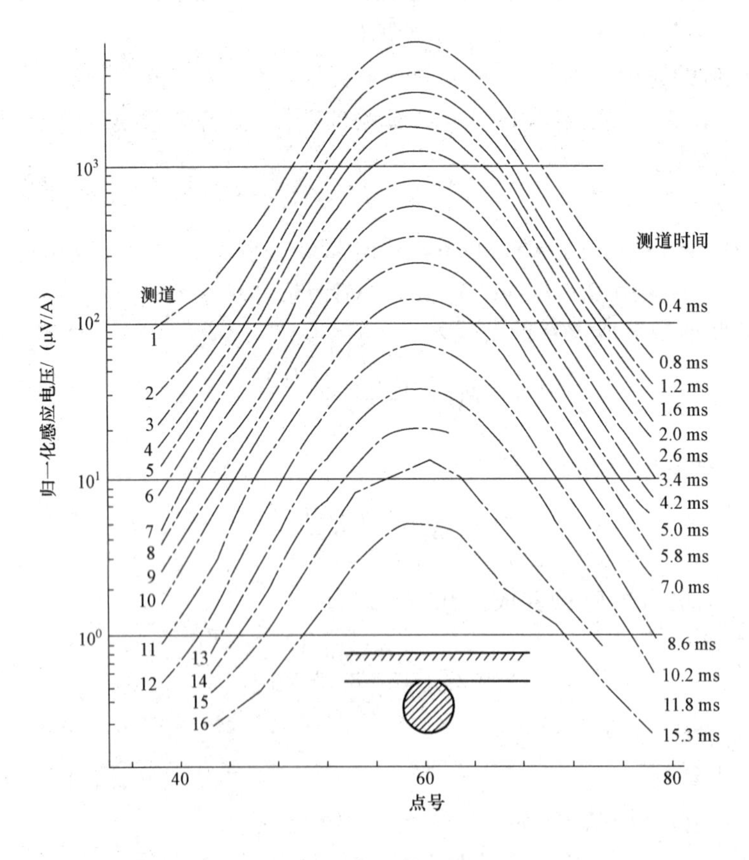

图 3–9 水平圆柱体上的物理模拟试验结果

（铜柱模型：铜柱直径 8 cm、长 41.7 cm、埋深=5 cm、重叠回线边长 10 cm、点号距离=4 cm。）

3.7.2　板状体上同点装置的剖面异常特征

1. 不同产状导电薄板上的异常特征

导电薄板上的异常形态及幅度与导电薄板的倾角（α）有关，如图 3–10 所示。当 α=90° 时，由于回线与导电薄板间的耦合较差，异常响应较小，异常形态为对称于导电薄板顶部的双峰；板顶出现接近于背景值（噪声）的极小值；不同测道的曲线，除了异常幅度及范围有所差别外，具有与上述相同的特征。

当 0°＜α＜90° 时，随 α 的减小，回线与导电薄板间耦合增强，异常响应随之增强，但双峰不对称，在导电薄板倾斜一侧的峰值大于另一侧；极小值随 α 的减小而略有增大，其位置也向反倾斜一侧有所移动。两峰值之比主要受 α 影响，据物理模拟资料统计，α 与主峰值和次峰值之比 A_1 / A_2 的关系为：

$$\alpha = 90° - 22° \ln(A_1 / A_2) \tag{3–5}$$

当 α=0° 时，回线与导体处于最佳耦合状态，异常幅值比直立导体的异常大几十倍，异常主要呈单峰平顶状，在近导体边缘的外侧，出现不明显的次极值或挠曲。

如图 3–11 所示，在导电薄板倾斜的情况下，不同测道异常剖面曲线形态有所差别，随测道从晚期到早期，极小值变小，并往反倾斜一侧稍有移动，双峰变得越来越不明显。异常形态的这种变化反映了导电薄板内涡流分布随延迟时间的变化。

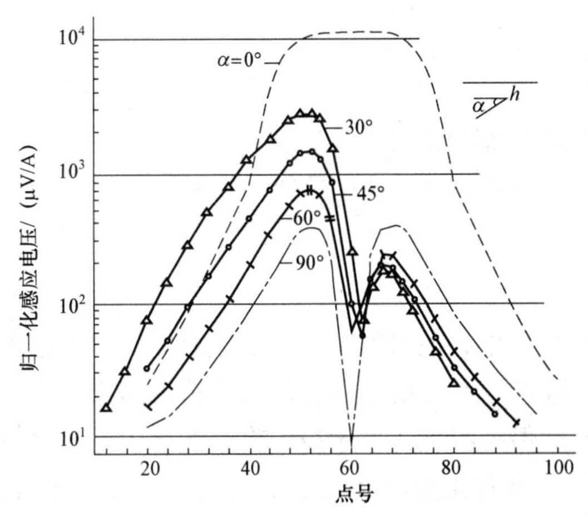

图 3–10　不同倾角导电薄板上的电磁异常比较

（导体模型：铝板 70 cm×40 cm×0.1 cm，埋深 h=5 cm，矿顶位于 60 号点，重叠回线边长=10 cm，t=1 ms。）

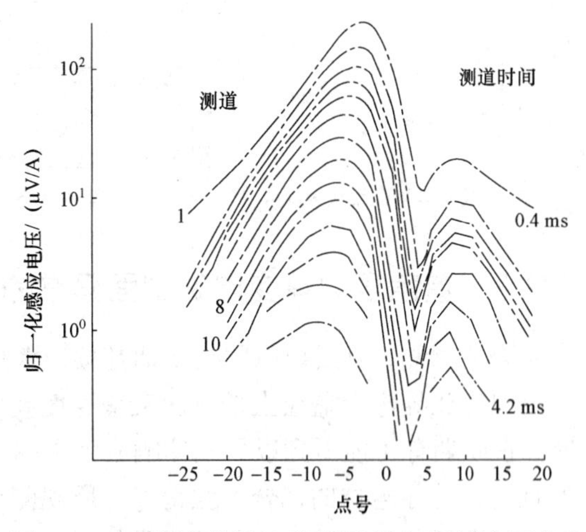

图 3–11　倾斜导电薄板上不同测道的电磁异常剖面曲线

（铜板模型：80 cm×20 cm×0.6 cm，埋深 h=5.5 cm，α =45°，顶板位于 0 号点，重叠四线边长为 5 cm。）

2. 直立厚板上的异常特征

板状体的薄、厚是相对于趋肤深度而言的。时域电磁法中导体的趋肤深度表达式为：

$$\delta = (t / \pi\mu_0 \, g\sigma)^{1/2} \approx 503(t / \sigma)^{1/2} \tag{3–6}$$

可见，趋肤深度决定于导体的电导率 σ 及场扩散时间 t。如果板厚大于趋肤深度 δ 的 1/10，那么该板可以认为不再属于薄板，异常特征也随之有所变化。

直立厚板的电磁剖面异常响应如图 3–12 所示，早期测道的异常具有等轴状体异常响应特征，而晚期测道的响应逐步转化为对称于矿顶的“薄板异常”（双峰）。这是由于在早期，板体厚度相对于趋肤深度δ而言属于厚板，涡流分布主要集中于良导电体顶部，出现类似于等轴状体的异常；到了中、晚期，板相对变薄，涡流将向下扩散，其分布逐渐趋向于板体中。这种异常类型转换的时间与矿体纵向电导值有关，纵向电导值越小，其转换时间越早；所谓薄板，就是不出现这种转换的板体，它的异常仅出现双峰形态。

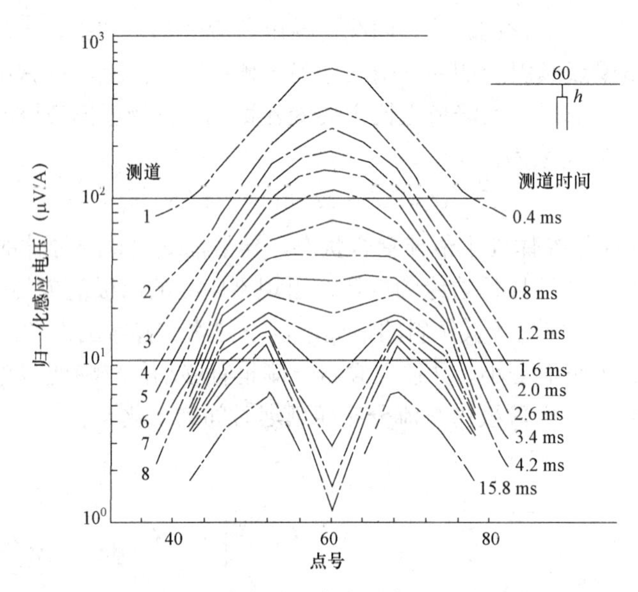

图 3–12　直立厚板的电磁剖面异常响应

（板体模型：铝板 30 cm×25 cm×3.5 cm，埋深 h=5 cm，倾角 α=90°；回线边长=10 cm；点号间距=4 cm。）

3.7.3　覆盖层对瞬变电磁剖面异常的影响

众所周知，有限导电体在晚期是按指数规律衰减的，在时间常数较大的情况下，其衰减速度可能比导电覆盖层上的响应衰减速度要慢。因此，当待测良导电体与覆盖层组合在一起时，在晚期有可能得到以导电体响应为主的信息。但在早期，由于发、收回线与覆盖层之间的耦合比与导电体的耦合要强得多，所观测到的信号将主要反映覆盖层的响应。图 3–13 是覆盖层对板状导电体电磁剖面异常的影响。由图 3–13 可以明显看出以下规律：

① 在早期，曲线 1（组合）与曲线 3（纯覆盖）相重合，主要是反映覆盖层；

② 在晚期，曲线 1（组合）与曲线 2（纯导电体）逐渐趋于平行或相近，主要是反映导电体，尽管背景值被抬高，但导电体响应的主要特征被保留下来（τ 值与无覆盖时相同），区别在于进入晚期的时间被推迟。

从全覆盖条件下水平圆柱导电体电磁剖面异常曲线（见图 3–14）也可以明显地看到，早期曲线几乎为一直线，幅值也较高；随着测道的增加，异常曲线形态逐渐接近于深部导电体单独存在时异常曲线的形态，但直至 16 测道（15.8 ms），异常幅值要比导电体单独存在时高 10%左右，异常的清晰度变差。

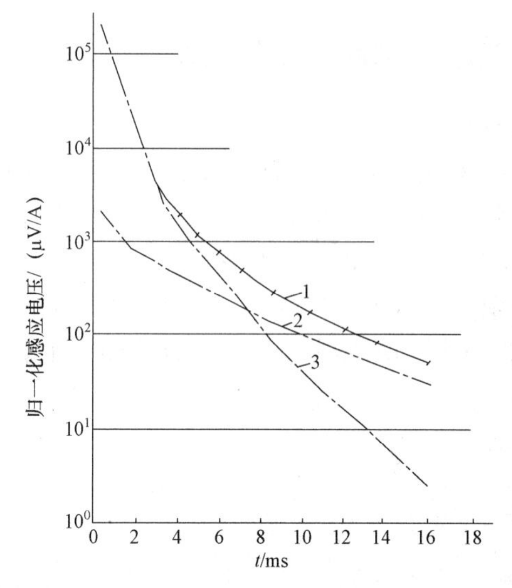

1—覆盖层与导电体相结合；2—单导电体：铝板 34 cm×31 cm×0.54 cm，埋深 h=4 cm，倾角 α =45°；
3—覆盖层：0.05 cm 薄铝板，重叠回线边长=10 cm。

图 3–13　覆盖层对板状导电体电磁剖面异常的影响

导电覆盖层条件下，影响对导电体探测能力的因素很多，如埋深、板状导电体的纵向电导、覆盖层的纵向电导、取样时间及回线边长等。因此，在对异常做解释时，应对这些因素进行综合考虑。

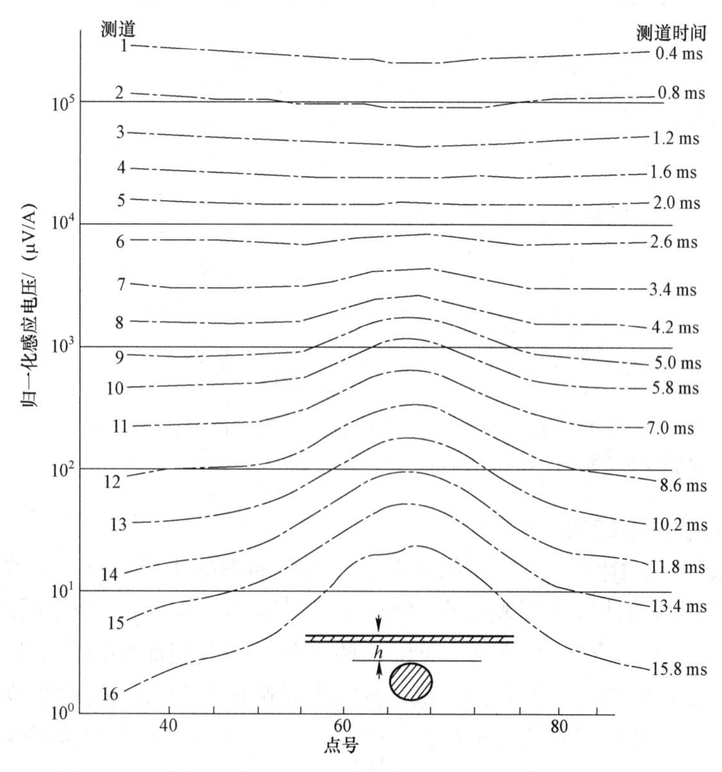

图 3–14　全覆盖条件下水平圆柱导电体电磁剖面异常曲线

（矿体模型为直径=8 cm 的水平钢柱，长=41.7 cm，埋深 h=5 cm；覆盖层为 0.05 cm 厚铝板，重叠回线边长=10 cm。）

3.7.4 起伏地形对瞬变电磁剖面异常的影响

1. 高阻围岩条件下的地形影响

TEM 是观测纯异常的一种方法，不存在一次场的测量，因此在高阻围岩条件下，当地下无导电体时，纯地形起伏不会产生假异常。如果地下有导电体，由于地形起伏改变了回线与导电体之间的耦合关系，使异常形态发生畸变。

图 3–15 及图 3–16 分别为山谷及山坡地形下直立板状体电磁剖面异常畸变特征。可见，当地形起伏使耦合加强时，所得到的异常就比平坦地形情况的异常响应要强；反之亦然。

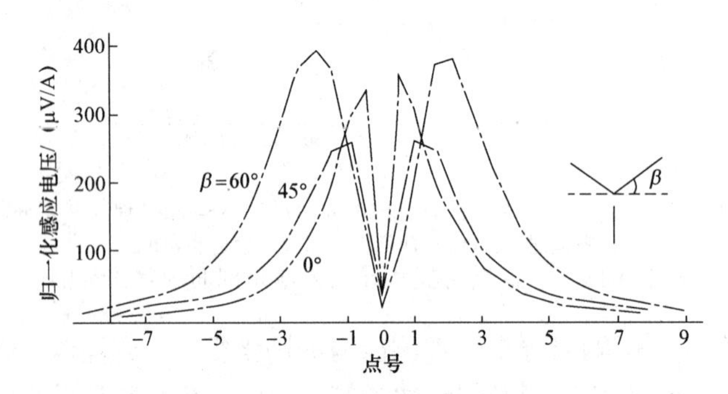

图 3–15　山谷地形下直立板状体电磁剖面异常畸变特征

（模型为铝板 70 cm×40 cm×0.1 cm，埋深 h=5 cm，回线边长=10 cm，t=1.2 ms。）

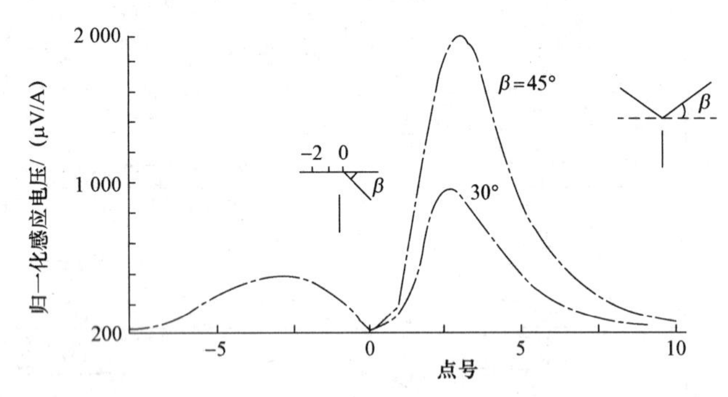

图 3–16　山坡地形下直立板状体电磁剖面异常畸变特征

（模型为铝板 70 cm×40 cm×0.1 cm，埋深 h =5 cm，回线边长=10 cm，t =1.2 ms。）

2. 导电围岩条件下的地形影响

野外实际条件下，围岩具有一定的导电性，它们的影响不可忽略。起伏地形条件下，这种影响突出地将在剖面曲线上反映出来；相对于平坦地形而言，有两个方面的因素在起作用，一个是使异常背景起伏，另一个是由于与矿体耦合关系的改变而使异常形状畸变。如图 3–17 所示，早期异常主要反映导电围岩的起伏，其特点是响应幅值高，在地形转折点出现局部起伏，但是由于一般情况下围岩的导电性并不十分好，这种高值响应的衰减速度较快，因此到了中晚期，异常将逐步突出深部矿体的响应。由于矿体异常受地形起伏的影响，故得到“V”形的异常。

野外常遇到由于风化切割所构成的沟、谷、山包等地形，当具有相当规模时，往往在早期测道出现异常响应或背景的起伏，到了中、晚期这种响应一般消失，并不难识别。

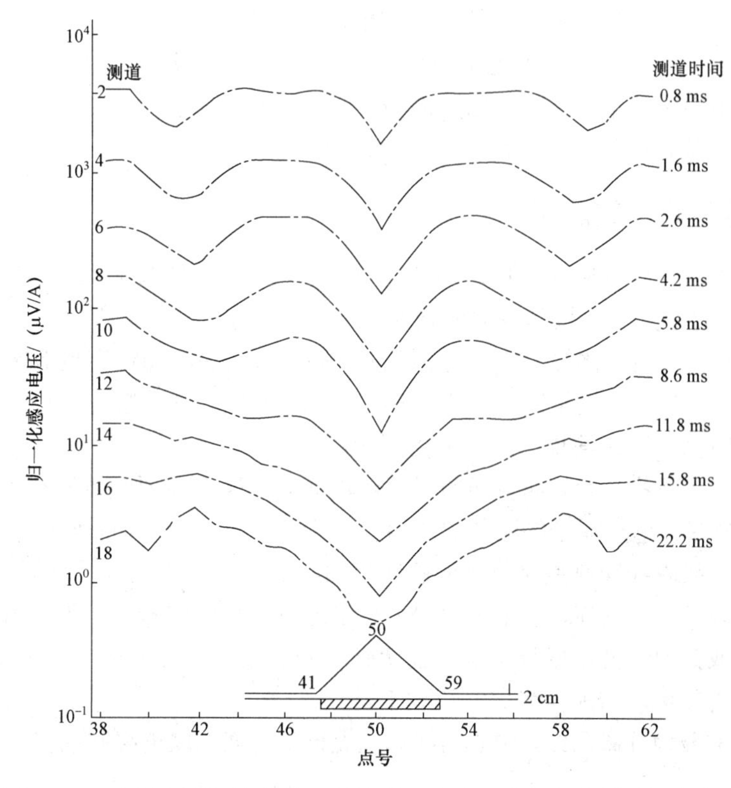

图 3–17　由导电围岩构成的山脊地形下水平板状体电磁剖面异常曲线

（地形模型为铅铸造的 45°山脊，矿体模型为水平铜板 15 cm×15 cm×0.4 cm，回线边长=4 cm，点距=1 cm。）

3.8　时间域电磁法的解释及应用

3.8.1　时间域电磁法的解释

时间域电磁法的解释通常分为两种：定性解释和定量解释。

定性解释一般是观察多道剖面，通过多道剖面可以定性地看出地层的分布情况，同时应排除晚期测道的干扰假象，对双峰异常要多加关注。

定量解释中，一维反演是目前解释得最为准确的手段之一，但是要求输入初始模型。对初始模型的求取，通常有以下几种：

① 矿区已有的地质资料（电测井）或者区域地质资料；

② 用直流电法在工区做一个电测深，以该测点的电测深电阻率作为初始模型；

③ 用视电阻率和其他全域电阻率计算方法得出初始模型，但要保证其计算的结果的正

确性。当计算出地层电阻率后，要进行地形改正和倾角校正，用测量时记录的高程和倾角改正，最后做出地质拟断面图。

当进行井下或坑道测量时，要考虑全空间的响应（和地面半空间有很大的区别），解释时需要用全空间的解释方法，而不能简单地利用地面半空间解释方法。

其他方面，在工程勘探时，寻找地下空洞有两种情况，一是充水空洞呈现低阻特征，二是未充水空洞呈现高阻特征。如有钢筋水泥结构支撑或回填塌陷后空洞的，则情况比较复杂，需要仔细判断，同时要排除地下供水管、暖气管的影响。

3.8.2 时间域电磁法的应用

根据时间域电磁法对低阻体反应敏感的特点，将其用于煤矿井下水文勘查，还是近几年的事情。时间域电磁法是一种极具发展前景的方法，可查明含水地质体，如岩溶洞穴与通道、煤矿采空区、深部不规则水体等。时间域电磁法在提高探测深度和在高阻地区寻找低阻地质体是最灵敏的方法，具有自动消除主要噪声源、无地形影响、同点组合观测与探测目标有最佳耦合、异常响应强、形态简单、分辨能力强等优点。

当外加的瞬变磁场撤销后，涡流场的释放或者活泼的碱金属要恢复原有的能级，释放跃迁产生的能量；含有大量氢原子的液体的氢原子核恢复原有的排列时，均以磁场的形式释放所获的能量。利用接收线圈测量接收到的感应电动势，该电动势包含了地下介质电性特征，通过种种解释手段（一维反演、视电阻率等）得出地下岩层的结构。由于采用线圈接收，故对空间的电磁场或其他人文电磁场干扰比较敏感。为了减少此类干扰，尽量发射大的电流，以获取最大的激励磁场，增加信噪比，压制干扰。

接收装置通常分为分离回线、中心回线和重叠回线 3 类，以重叠回线得到的信息最为完整，其他次之。

3.8.3 时间域电磁法的局限性及解决办法

时间域电磁法工作效率高，但也不能取代其他电法勘探手段，当遇到周边地面或空间有大的金属结构时，所测到的数据不可使用，此时应补充直流电法或其他物探方法。在地层表面遇到大量的低阻层矿化带时，时间域电磁法也不能可靠地测量，因此在选择测量方法时要考虑地质结构。

在测量过程中，要随时记录地表可见的岩石特征、装置的倾角以及高程，以便在后续的解释中，准确地划分地层构造。同时，在一个工区工作之前，要做实验，选择合理的装置参数以及供电电流。一经确定，不能在测量中变更装置参数和供电电流，否则会对解释造成影响。在进入工区前，尽量寻找已知地层的基准点对仪器进行校准（类似于重力或磁法测量的基点校正和仪器一致性试验），以确保测量的准确性。

中国地域辽阔，地质结构不尽相同，地质结构的区域性使得不同地区的成矿条件不一致。在解释资料时，一定要参考所在区域的地质资料和前人成果，以及其他方法的配合，特别是地质方面的配合，切不可随意套用其他地区的解释经验，做出错误的判断。

3.9　时间域电磁法的探测能力

时间域电磁法探测能力的讨论，与其他电测方法一样，都是以观测到异常值的信噪比的大小及分辨地层参数的能力来确定。也就是说，探测能力不仅与探测目标引起的异常值有关，同时受地质噪声、人文电磁噪声及天电干扰等的限制。通常，观测仪器采用高次叠加平均取数的方法来提高信噪比，并且仪器装有“天电噪声抑制”装置，这样电磁噪声电平可减小到 0.5 pV/m^2（此值为接收线圈上观测到的噪声电平被接收框面积和匝数乘积归一的值），平静时期可减小到 0.2 pV/m^2。对于天电干扰，由于它是随机信号，所以采用高叠加次数不一定能增加信噪比，其噪声电平随时间的推移而下降，超过 2 ms 后，噪声电平已趋于恒定值（约 2 pV/m^2）。天电噪声随季节变化，一般在夏季较大；若在 1 609 km 之内有雷电活动，可使干扰电平增大一至两个数量级。一天之内，天电噪声变化可达 10 倍左右，在中午 13 点左右最强。

理论计算及试验结果表明，对于水平导电层的异常响应（或探测深度），并不是随导电层的纵向电导的增大而增大，如图 3–18 所示。这对于具有中等纵向电导地层的探测更为有利，其探测深度可达 1 km 以上，在考虑地质噪声影响的条件下，早期测道已不能利用，有可能下降到 500 m 以下。在苏联时期的文献中，提供了金属矿区探测 500～1 200 m 深导电层的实例。

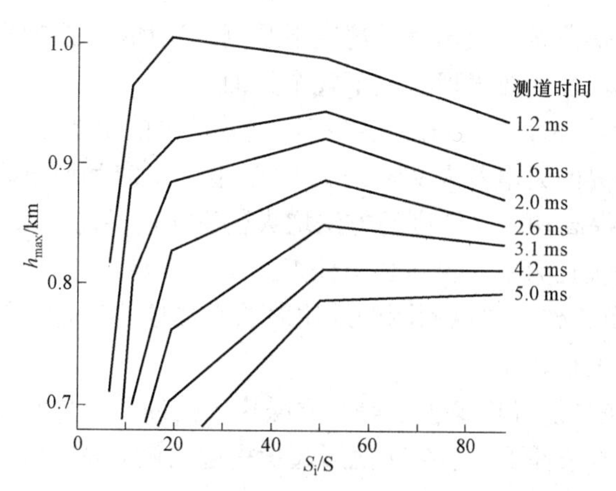

图 3–18　水平导电层的最大探测深度与纵向电导的关系

（注：此为 SIROTEM–Ⅱ观测的模拟实验结果，重叠回线边长=200 m，异常下限值取 3 μV/A，导电层用不同厚度铝板，介质为空气。）

对于二层断面，时间域电磁测深方法最大的探测深度与顶层电阻率 ρ_1、发送磁矩 M 及噪声电平有关，可粗略的用下式估计：

$$h_{max} \approx 0.32(M\rho_1 / R_m N) \tag{3-7}$$

式中，R_m为所要求的最低限度信噪比，N为平均噪声电平，R_mN代表最低可分辨信号电平，SIROTEM 系统的$R_mN \approx 0.5\,pV/m^2$。由上式可见，对于二层断面的最大探测深度，随发送磁矩M增加及噪声电平的降低而增大，但M或N数值较大的变化对h_{max}的影响并不大。图 3–19 给出了在二层断面上采用 400 m×400 m 的重叠回线I=20 A 时的h_{max}与ρ_1的关系。

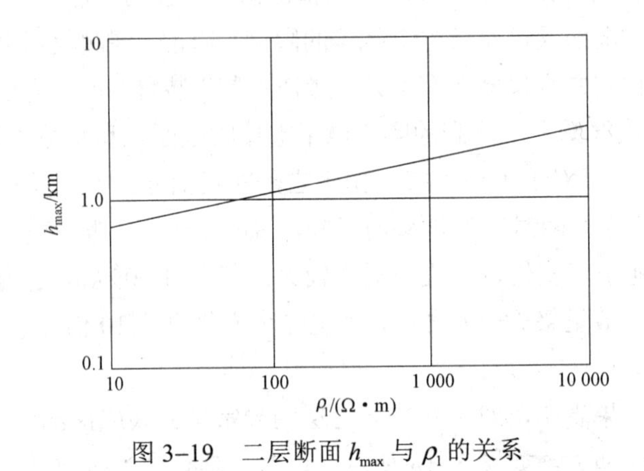

图 3–19　二层断面h_{max}与ρ_1的关系

3.10　时间域电磁法与频率域电磁法的比较

由于时间域电磁法是在无一次场背景情况下观测二次场，主要的噪声源不同于频率域电磁法，因而有更多的优点，主要表现在以下几个方面。

① 由于观测的是纯异常，自动消除了频率域电磁法中的主要噪声源——装置耦合噪声，它的主要噪声源来自外界的天电及人文电磁场干扰。因此，时间域电磁法具有较低的检测二次场极限值，可以采用提高功率灵敏度的方法增大信噪比，以提高探测深度。此外，时间域电磁法比频率域电磁法快且简单，更适合于勘查工作的需要。

② 可使用同点装置工作，与欲探测的地质对象有最佳的耦合，具有较高的探测能力，并且受旁侧地质体的影响也较小。

③ 对于受到导电围岩及导电覆盖层等地质噪声干扰的“矿异常”的区分能力，优于频率域电磁法。在高阻围岩条件下，不存在地形起伏引起的假异常；低阻围岩起伏地形所引起的异常也比较容易识别。

④ 对于线框敷设的点位、方位及形状等的要求，相对于频率域电磁法可以放宽，测地工作简单，工效高。

近代科技的发展，促进了时间域电磁法的快速发展，尤其是电子计算机技术的引用，使仪器系统在抑制噪声、减小观测误差、提高资料处理及正反演计算速度方面均有了较大的进展。当前，时间域电磁法向着寻找深部盲矿、解决深部构造及工程勘查的方向发展，但是，仍然有许多问题还有待探索及研究。

习题与思考 3

（1）简述时间域电磁法的工作原理及其主要应用领域。

（2）时间域电磁场基本特点有哪些?

（3）简述瞬变电磁剖面异常特征及影响因素。

（4）频率域电磁法（FDEM）与时间域电磁法（TEM）有何异同?

第 4 章　地下管线探测技术与方法

教学目标

（1）了解探测地下管线的各种物探方法。

（2）了解地下管线探测仪的基本结构、性能。

（3）掌握地下管线探测程序。

（4）熟练掌握地下管线探测的常用物探方法及其适应范围。

（5）了解提高管线探测“信噪比”的几种方法。

（6）了解探地雷达的工作原理和作业方式。

4.1　地下管线探测方法

地下管线探测方法，从探测方式和手段上来讲分两种：一种是开井调查与开挖样洞或钎探相结合的方法，该方法直观、误差小或零误差，但探测成本高，效率低，具有一定的风险；另一种是用地下管线探测仪的物探方法，该方法快捷，但存在一定多解性。地下管线探测的常用物探方法包括电磁探测法、电阻率探测法、磁探测法、探地雷达法等，下面分别予以简介。

4.1.1　电磁探测法

电磁探测法是利用交变电磁场对导电性或导磁性的物体具有激发作用的特性，观测所发射一次场或观测在一次场作用下所产生的二次场，来发现被感应的物体的空间赋存位置。

地下管线探测采用了频率域电磁探测法，简称频率域电磁法。频率域电磁法因具有探测精度高、抗干扰能力强、应用范围广、工作方式灵活、成本低等优点而应用最为广泛。其前提是：地下管线与周围介质有明显的电性、磁性差异；管线长度远大于管线埋深。常用的方法又有两种：一是主动源法，即利用人工方法把电磁信号施加于地下的金属管线上；二是被动源法，即直接利用金属管线本身所带有的电磁场进行探测，有工频法和甚低频法。

4.1.2　电阻率探测法

电阻率探测法采用的是直流电阻率法，它用两个供电电极向地下供直流电，电流从正极传入地下再回到负极，在地下形成一个电场。当存在金属管线时，金属管线对电流有“吸引”作用，使电流密度的分布产生异常。若地下存在水泥或塑料管道，它们的导电性极差，于是对电流有“排斥”作用，同样也使电流密度的分布产生异常，其实质就是低阻体和高阻体对于电流的响应结果。通过在地面布置两个测量电极便可观测到这种异常，从而可以判断探测区域是否存在金属管线或非金属管线，并确定其位置，该方法虽然理论上是可行的，但由于受到多种条件的限制（接地电极的布设、极距、接地条件、自然环境等），一般不被采用。

4.1.3　磁探测法

铁质管道在地球磁场的作用下会被磁化，铁质管道磁化后的磁性强弱与管道的铁磁性材料有关。铁质管道的磁性较强，非铁质管道则无磁性。磁化的铁质管道像一根磁性管道，又因为铁的磁化率强而形成其自身的磁场，与周围物质的磁性差异很明显。通过在地面观测管道的磁场分布，可以发现铁质管道并推算出管道的埋深。但因地下管道探测工作多在人口稠密的市区进行，周围磁性环境极为复杂，所以该方法一般不被采用。

4.1.4　探地雷达法

探地雷达（ground penetrating radar，GPR）法是利用高频电磁脉冲波在不同电磁性介质中的传播规律，达到探测地下目标体分布形态及特征的一种方法。探地雷达用高频无线电波来确定介质内部物质分布规律，利用宽带电磁波以脉冲形式来探测地表之下的或确定不可视的物体或结构。经过几十年的发展，探地雷达法逐渐趋于成熟，且由于具有高分辨率、高效率等优点，被广泛应用于工程、环境和资源等浅部地球物理领域，取得了较好的效果。与其他地球物理方法相比，探地雷达具有下列优势：

① 无损性，或非接触；

② 高效率，设备轻便，操作简单，从数据采集到图像处理实现一体化，可进行实时测量，并输出现场剖面记录图；

③ 抗干扰能力较强，可在各种噪声环境下工作。

探地雷达法的工作过程是：利用高频电磁波以宽频带短脉冲形式由地面通过发射天线将电磁波送入地下，由于周围介质与管线存在明显的物性差异（主要是电导率和介电常数差异），脉冲在界面上产生反射和绕射回波，接收天线收到这种回波后，将信号传输到控制主机，经计算机处理，将雷达图像显示出来，最后通过对雷达波形的分析，利用公式确定地下管线的位置和埋深。探地雷达能够很好地探测金属管线，对非金属管线同样具有快速、高效、无损及实时展示地下图像等特点。

注意：虽然地下管线探测从理论上讲可以采用多种物探方法，但从实际作业环境、技术的局限性、分辨率及工程成本等方面来看，最适合地下管线探测的物探方法则是电磁探测法和探地雷达法。

4.2　地下管线探测程序和原则

4.2.1　地下管线探测程序

地下管线探测工作一般按以下程序进行：资料收集、现场踏勘、仪器校验、方法试验、

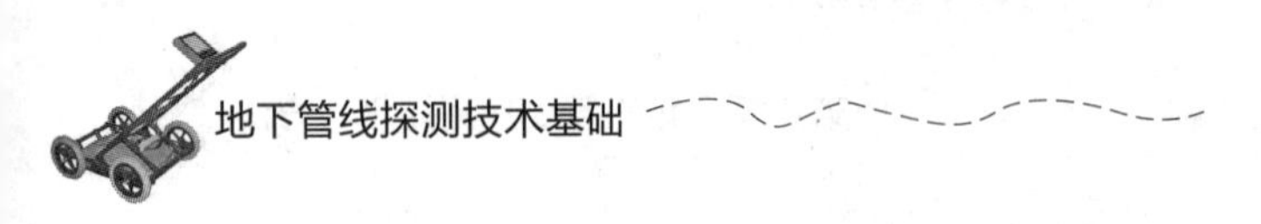

实地调查、仪器探测和探测质量检验、管线测量、数据建库、成果提交等。

管线探测作业前，应对所有准备投入使用的物探仪器设备，按照有关技术指标进行一致性校验，测量必须用经过年检的仪器，且到达现场后依照相关规定进行检验。方法试验应在有代表性的路段进行。对不同类型、不同材质的管线和不同的地球物理条件，应分别进行试验。方法试验的结果是选择地下管线探测技术方法的基础，是技术设计的依据内容之一。

实地调查时，参照地下管线现况调绘资料，对管线位置、走向和连接关系进行探测，重点对明显管线点（如消防栓、接线箱、窨井等）做详细调查、记录和量测，同时确定需用仪器探测的管线段。对明显管线点的调查一般采用直接开井量测法，并现场做管线点调查记录，按管类分别记录调查项目。应查明每条管线的性质和类型，量测其埋深。地下管线的埋深分为内底埋深、外顶埋深。各种管线实地调查项目内容参照《城市地下管线探测技术规程》（CJJ 61—2017）的相关规定执行，还应结合实际应用，具体见表 4–1。

表 4–1　各种地下管线实地调查项目

管线类别		埋深		断面		孔数	根数	材质	附属物	载体特征			建设年代	权属单位
		内底	外顶	管径	宽×高					压力	流向	电压		
给水		—	▲★	▲★	—	—	—	▲☆	▲★	—	—	—	△	△
排水	管道	▲★	—	▲★	—	—	—	▲☆	▲★	—	▲★	—	△	△
	压力	▲★	—	▲★	—	—	—	▲☆	▲★	—	▲	—	△	△
	沟道	▲★	—	—	▲★	—	—	▲☆	▲★	—	▲★	—	△	△
燃气		—	▲★	▲★	—	—	—	▲☆	▲★	▲	—	—	△	△
热力		—	▲★	▲★	—	—	—	▲☆	▲★	—	—	—	△	△
工业管道	压力	—	▲★	▲★	—	—	—	▲☆	▲★	▲	▲	—	△	△
	自流	▲★	—	▲★	—	—	—	▲☆	▲★	—	▲☆	—	△	△
	沟道	▲★	—	—	▲★	—	—	▲☆	▲★	—	▲☆	—	△	△
电力	管块	—	▲★	—	▲★	▲★	△★	▲☆	▲★	—	—	▲☆	△	△
	沟道	▲★	—	—	▲★	—	△★	▲☆	▲★	—	—	▲☆	△	△
	直埋	—	▲★	—	—	—	△★	▲☆	▲★	—	—	▲☆	△	△
通信	管块	—	▲★	—	▲★	▲☆	△★	▲☆	▲★	—	—	—	△	△
	沟道	▲★	—	—	▲★	—	△★	▲☆	▲★	—	—	—	△	△
	直埋	—	▲★	—	—	—	△★	▲☆	▲★	▲☆	—	—	△	△
其他	综合管沟	▲★	—	—	▲★	—	—	▲☆	▲★	—	—	—	△	△
	特殊管线	—	▲★	▲★	—	—	—	▲☆	▲★	—	—	—	△	△
	不明管线	—	▲★	▲★	—	—	—	▲☆	▲★	—	—	—	—	—

注：▲ 表示地下管线普查应查明的项目；
△ 表示地下管线普查宜查明的项目；
★ 表示建设工程地下管线详查和施工场地地下管线探测应查明的项目；
☆ 表示建设工程地下管线详查和施工场地地下管线探测宜查明的项目；
— 无须调查的项目。

所有地面管线点按规定的要求设置地面标志，并绘制位置示意图；各种管线上的特征点和附属物及建（构）筑物名称参照《城市地下管线探测技术规程》的相关规定执行（见表 4–2），或按照委托方的要求确定。在明显点上的建（构）筑物和附属设施，也依照表 4–2 的规定执行。

表 4–2　各种管线上的特征点、建（构）筑物和附属物名称

管线种类	地面建（构）筑物	管线点		量注项目
		特征点	附属物	
给水	水源井、净化池、泵站、水塔、水池	转折点、三通、四通、变径点	阀门、放水口、消火栓、各种窨井、水表	管径、材质
排水（含雨水、污水）	化粪池、净化池、泵站、暗沟地面出口	起终点、进出水口、交叉口、转折点	各种窨井、雨水篦、排污装置	管径、断面尺寸、材质
电力	变电室、配电房、高压线杆	转折点、分支点、上杆	各种窨井、变压器、塔	电压、断面尺寸、条数、材质套管孔数、孔径、材质
电信	变换站、控制室	转折点、分支点、上杆	接线箱、各种窨井	材质、断面尺寸、套管孔数、孔径、材质
信号电缆	变电室、控制室、信号架	转折点、分支点、上杆	各种窨井、控制柜、信号灯	条数、套管孔数、孔径、材质
广播电视	差转台、发射塔	转折点、分支点、上杆	接线箱、各种窨井	材质、断面尺寸、套管孔数、孔径
燃气	气化站、调压室、储配站、门站	转折点、三通、四通、变径点	排气装置、阀门、各种窨井、凝水缸	管径、材质、压力
工业管道	锅炉房、动力站、冷却塔、支架	转折点、三通、四通、变径点	各种窨井、阀门、排液装置、排污装置	管径、材质、压力
热力	锅炉房、加压站	转折点、三通、四通、变径点	各种窨井、阀门	管径、材质、压力

注：① 铁路、民航、部队及其他专业管线参照本规定执行，但应注明权属单位及用途。

② 电力及其他管道（沟）测注的平面位置为管道（沟）外顶中心位置，埋深为上顶到地面的距离，套管和直埋电缆均以上顶计。综合管道（沟）内的管线要分别探测其平面位置和埋深，电缆埋深以最上一条到地面的距离为准。

③ 电信、电力、广播电视等套管的断面尺寸为宽×高，量至套管的外径，对不规则的套管量测其外包络尺寸。

4.2.2　地下管线探测应遵循的原则

① *从已知到未知*：作业区内管线敷设情况完全已知的路段先实施仪器探测，待探测技术方法基本确定后，推广到其他待探测的路段。

② *从简单到复杂*：管线稀疏路段先探测，管线稠密路段后探测；埋深较浅的管线先探测，埋深较深的管线后探测；宜采用分步剥离、逐级剔除的方法。

③ *方法有效、快捷、轻便*：采用成本较低、探测效果较好、方便快速的技术方法。

对管线分布复杂、地球物理条件较差和干扰较强的路段，应采用综合技术手段和多种物探方法。

4.2.3 选择物探技术方法应具备的条件

① 被探测的地下目标管线与周围介质有明显的物性差异，也就是管线与周围介质电磁性存在比较大的差异。

② 被探测的地下管线所产生的电磁异常足够强，能从干扰背景中较容易地分辨出来。

③ 探测精度能达到探测规程的要求。

提示： 地下管线探测应根据工作区的任务要求、探测对象和该区的地球物理条件，通过方法试验来选择确定物探技术与方法。

4.3 地下管线探测方法及其应用

4.3.1 金属管线探测仪探测工作法

1. 工作方法

频率域电磁法应用于地下管线探测，其工作方法根据场源性质可分为被动源法和主动源法。主动源法又可分为直接法、夹钳法、感应法、示踪法。被动源是指工频（50～60 Hz）等空间中原本存在的电磁场源，主动源则指通过发射装置建立的场源。探测人员可根据任务要求、探测对象（管线类型、材质、管径、埋深、出露）和地球物理条件（物性差、干扰、环境）等情况选择使用。

1）被动源法

被动源法不需要人工建立场源，探测仪只是被动地接收已经存在的电磁场源。一般金属管线探测仪（简称管线仪）接收机具备了被动源探测功能。由于被动源的不稳定、激发方式不可变等特点，所以被动源法除对载流（50～60 Hz）电缆进行追踪定位外，不能用于精确定位、定深，一般只能对存在管线的区域进行搜索。被动源由两种因素引起，一是工业电流，二是以甚低频法传播的无线电波，分别对应管线探测的“P”模式和“R”模式。

（1）工频法（“P”模式）

工频法指利用载流电缆所载有的 50～60 Hz 工频信号及工业游散电流在电缆中的工频电流或金属管线中的感应电流所产生的电磁场进行管线探测。载流电缆（50～60 Hz）与大地间具有良好的电容耦合，在载流电缆周围形成交变电磁场，地下管线在此电磁场的作用下产生感应电流，在管线周围形成二次场，如图 4–1 所示。工业游散电流同样能使地下金属管线产生电磁异常。通过观测管线电缆的二次场便可探测地下金属管线，这种方法称为工频法，也叫“P”模式。该方法操作简便，工作效率高，但分辨率不高，易遗漏隐埋管线，主要用于探测动力电缆和金属管线。

（2）甚低频法（“R”模式）

甚低频法指利用甚低频无线电台所发射的无线电信号在金属管线中感应的电流所产生的电磁场，进行管线探测，也叫“R”模式，如图 4–2 所示。

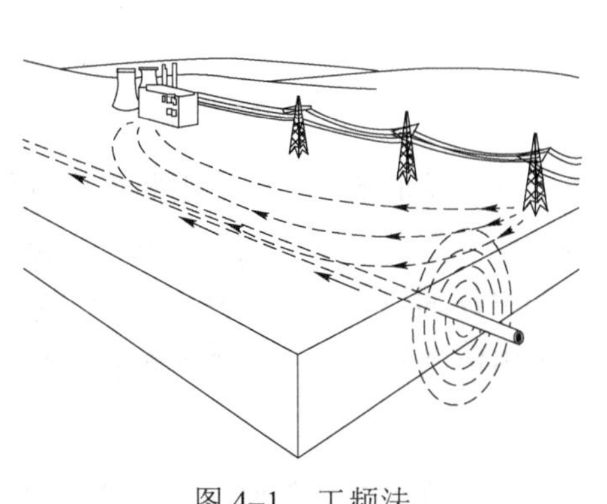

图 4–1　工频法

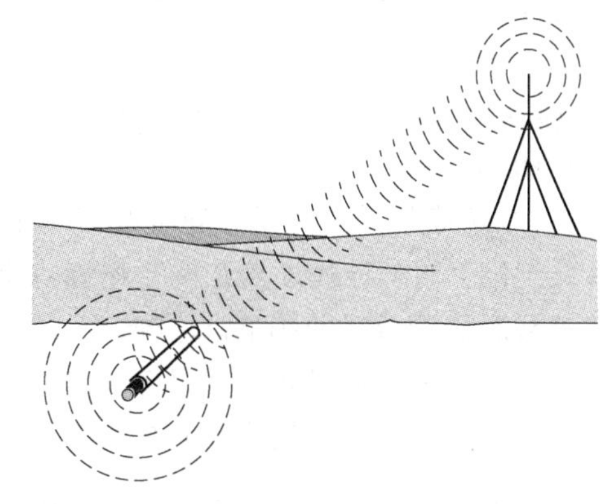

图 4–2　甚低频法

许多国家为了通信及导航目的，设立了强功率的长波电台，其发射频率一般为 15～25 kHz，在无线电工程中将这种频率称为甚低频（very low frequency，VLF）。能为我国利用的此类电台有：日本爱知县 NDT 台，频率为 17.4 kHz，功率为 500 kW；澳大利亚西北角的 NWC 台，频率为 15.5 kHz 及 22.3 kHz，功率为 1 000 kW；位于莫斯科的 UMS 台，发射频率为 17.1 kHz，功率为 100 kW。

甚低频电台发射的电磁波，在远离电台地区可视为典型的平面波。由于发射天线垂直，故磁场分量水平，且垂直于波的前进方向。当地下金属管线走向与电磁波前进方向垂直时，电磁波对地下金属管线不激励，则不能形成二次场；当地下金属管线走向与电磁波前进方向一致时，因一次场垂直于金属管线走向，金属管线将产生感应电流及相应的二次场。由于一次场均匀，管线所形成的二次场具有线电流场性质，其感应二次场的强度与电台和管线的方位有关。该方法简便，成本低，工作频率高，但精度低，干扰大，其信号强度与无线电台和管线的相对方位有关，可用于搜索电缆或金属管线。

2）主动源法

主动源是指可受人工控制的场源，通过发射机向被探测的管线发射足够强的某一谐变的交变电磁场（一次场），使被探管线受激发而产生感应电流，在被探管线周围产生二次场。根据对地下管线施加交变电磁场的方式不同，又可分为直接法（见图 4–3）、夹钳法（见图 4–4）、感应法（见图 4–5）和示踪法（见图 4–6）。

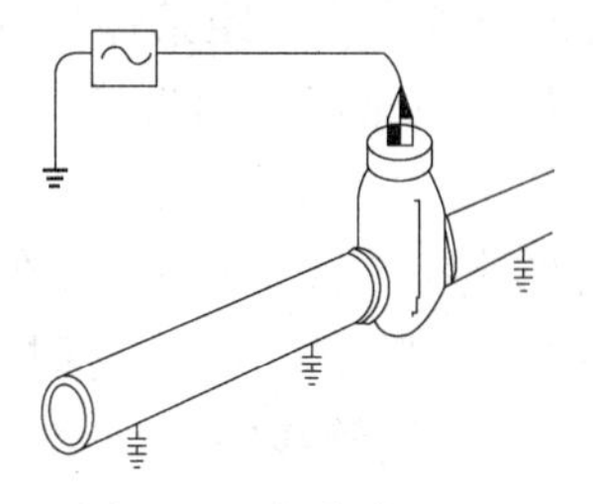

图 4–3　直连法

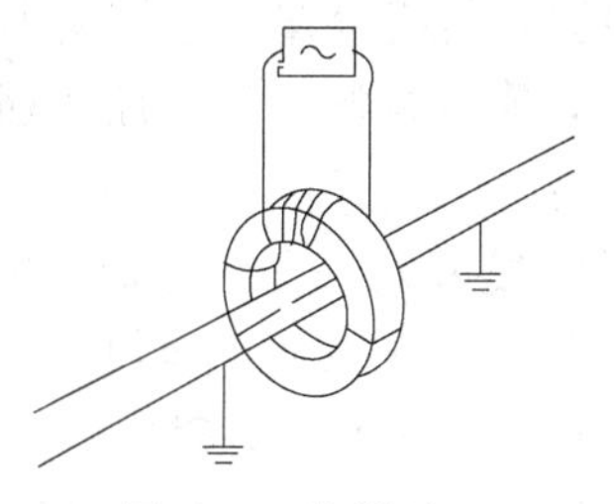

图 4–4　夹钳法

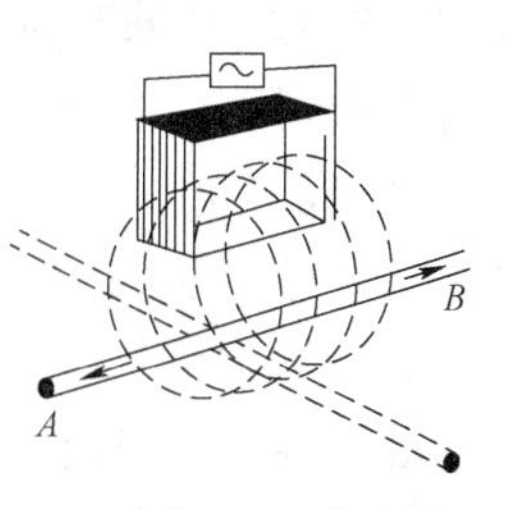

图 4–5　感应法

（1）直接法

将发射机输出一端接到被查金属管线上，另一端接地或接到金属管线的另一端，利用直接加到被查金属管线的电磁信号，对管线进行追踪、定位。该方法信号强，定位、定深精度高，易分辨邻近管线，但金属管线必须有出露点，且需要良好的接地条件。直接法有两种连接方法：单端连接和双端连接。

① 单端连接：发射机的输出端与管线出露点（如阀门、排气阀）连接，另一端就近接地，如图 4–7（a）所示。

② 双端连接：当地下金属管线有两个出露点时，根据场地条件，将发射机两端（输出端和接地端）用长导线连接在两个出露点上，且连接导线与管线相距一定的距离，以减小地面连接线对探测效果的影响。这样，发射机发出的谐变电流通过管线与连接线形成回路，对地下金属管线进行追踪定位，见图 4–7（b）。该方法探测精度和信号响应强度都优于单端连接，但受自然条件、管线出露点的影响。

提示：在感应法和单端连接法均无效时，为了实现地下管线探测目的，可以利用人工开挖的方式设立管线出露点，实现双端连接的作业模式。

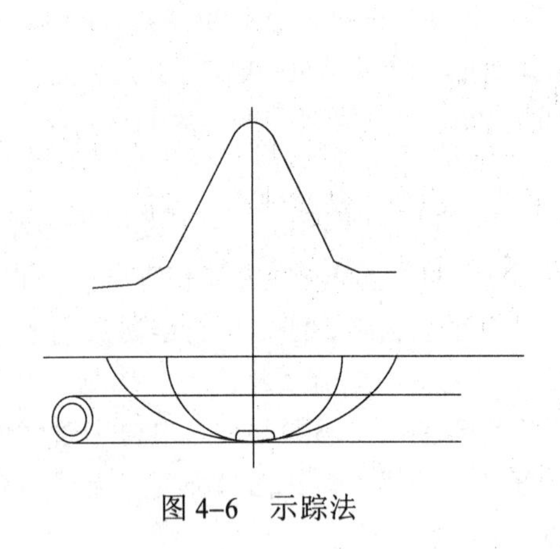

图 4–6　示踪法

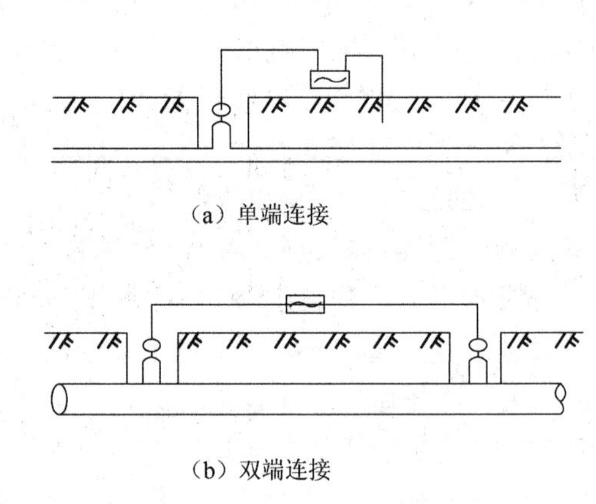

（a）单端连接

（b）双端连接

图 4–7　直接法的两种连接方式

在选用直接法时，不论单端连接还是双端连接，连接点必须接触良好，尽量减小接触电阻；接地电极布置应合理，一般布设在与管线走向垂直的方向上，尽量不跨越管线，若不得不跨越管线，则首选管线稀疏的一侧或管线不易被激发区域通过。双端连接时，电磁场施加连接线与探测目标体的平行距离应大于 10 倍管线埋深，并尽量减小接地电阻。管线有两个出露点时，应根据场地条件，合理选用。

探测管线时，接收机应根据发射机设置功率的大小，在大于最小收发距条件下进行，以避免发射机发射的一次场干扰，影响探测成果，还可通过测量电流来区分附近干扰管线。

（2）夹钳法

夹钳法是感应法的另一种激发方式。它利用管线仪配备的夹钳（耦合环），夹在金属管线上，通过夹钳把信号加到金属管线上（见图 4–4）。该方法信号强，定位、定深精度高，易分辨邻近管线，方法简便。但缺点是管线必须有出露点，而且被查管线的直径受夹钳大小的限制。夹钳法适用于管线直径较小且不宜使用直接法的金属管线或电缆。探测时，将夹钳与发射机输出端相连，套在管线上，用接收机对管线由于激发而产生的二次场进行追踪定位。

夹钳的钳体为铁磁材料，钳体上有多圈绕组，绕组的每一圈都是顺着管线走向正对着管线的“上方”进行最大的激发。整个钳体的作用，就好似有很多直立的小线圈围着所钳住的管线激发。使用时，管线直径应小于夹钳直径，以保证二者较好地耦合。由于管道电缆的直径悬殊很大，在实际使用时应配有不同内径规格的夹钳。电缆本身与大地具有电流耦合作用，用夹钳法效果好，不但可以单根电缆追踪，还可以查明目标体的延伸去向，因为目标管线传导的信号最强，其他电缆传导的信号较弱或信号飘忽不稳。如图 4–8 所示。

夹钳法亦可用来探测小管径金属管线（热力、燃气、给水等），由于场源信号是通过夹钳直接耦合到目标体上的，所以接收到的二次场信号较感应法强，分辨率高。如图 4–9 所示。

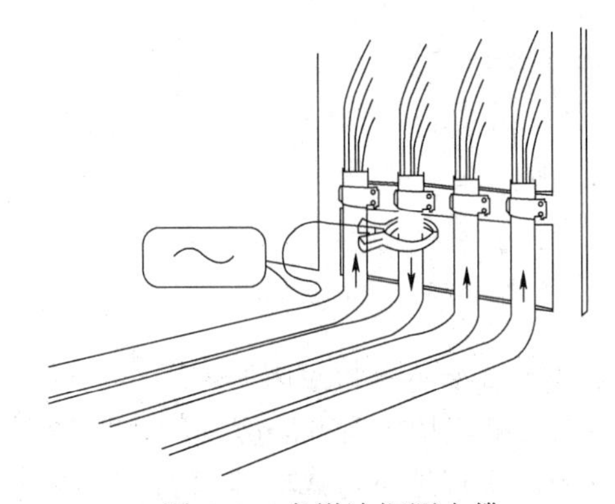

图 4–8　夹钳法探测电缆

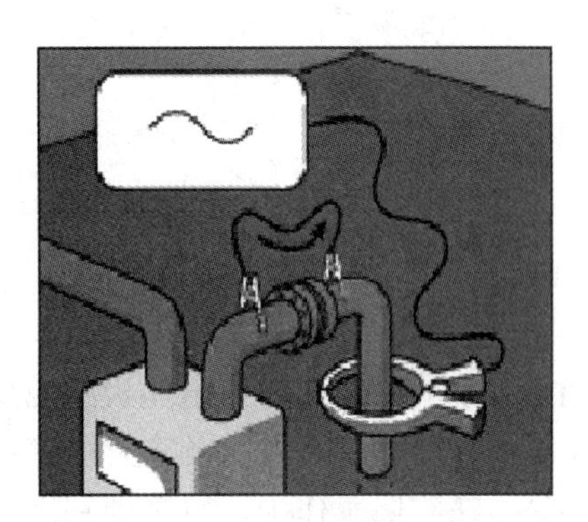

图 4–9　夹钳法探测小管径金属管

（3）感应法

感应法的工作原理是：通过发射机发射谐变电磁场，使地下金属管线产生感应电流，在周围形成二次场。通过接收机在地面接收管线所形成的二次场，对地下金属管线进行搜索、定位。当被探测的目标管线出露少，不具备直接法和夹钳法条件时，可采用感应法。该方法使用方便，不需要接地装置，是城市地下管线探测中常用的方法。感应法可分为两种：磁偶极感应法（见图 4–10）和电偶极感应法（见图 4–11）。

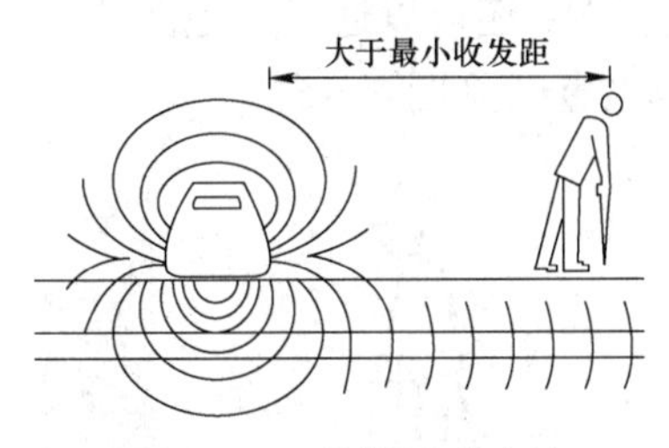

图 4–10　磁偶极感应法

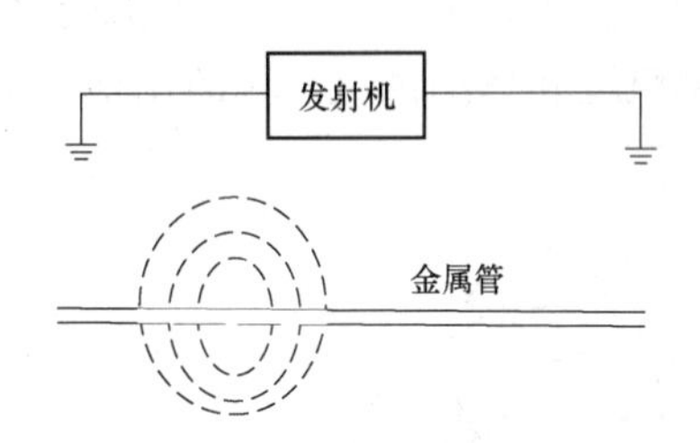

图 4–11　电偶极感应法

磁偶极感应法利用发射线圈发射的电磁场，使金属管线产生感应电流，形成电磁异常，通过接收机对地下金属管线定位、定深。该方法发射机、接收机均不需要接地，操作灵活、方便，效率高，用于搜索金属管线、电缆，可定位、测深和追踪管线走向。利用磁偶极感应法探测地下金属管线时，发射线圈一般有水平、垂直两种方式。

① *水平磁偶极感应法*：发射机呈直立状态发射，发射线圈面垂直地面，这时发射线

圈与管线的耦合最强，通过耦合管线体的磁通量最大，可有效地突出地下管线的异常（见图 4–12）。

② *垂直磁偶极感应法*：发射机的发射线圈在管线正上方呈平卧状态，发射线圈面水平，这时发射线圈与管线不产生耦合，也就是说，可等效地视为通过耦合管线体的磁通量近似为 0，被压管线不产生异常，被抑制。此方法可压制相邻管线间的干扰，有效地区分平行管线（见图 4–13），因此此种方法亦称为抑制感应法，对于平行近距离管线探测效果明显。但是，当平行管线的平向中心间距与埋深之比较小时，该方法的效果也不明显。

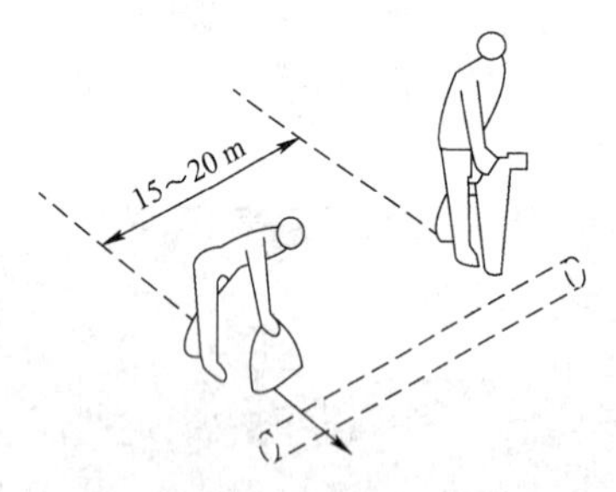

图 4–12　水平磁偶极感应法

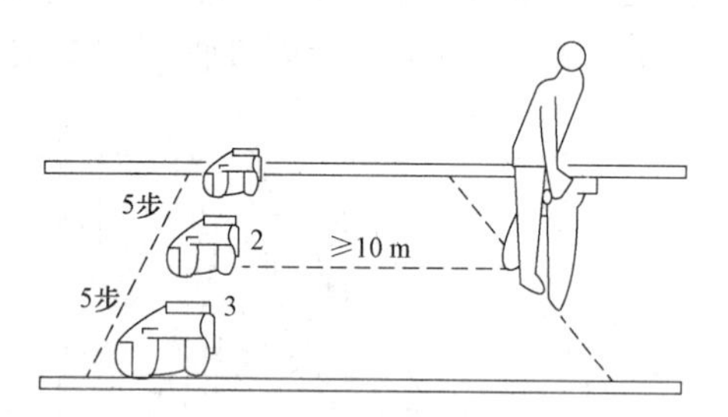

图 4–13　垂直磁偶极感应法

当采用感应法工作时，电偶极感应受场地条件及方法本身特点限制，工作中较少采用，本书不做进一步讲解。磁偶极感应法建立的电磁场衰减较快，但方法简便，不需要接地，工作效率高。在实际工作中，较多地利用磁偶极感应法进行地下金属管线探测。

（4）示踪法

示踪法亦称示踪电磁法。在探测不导电的非金属管道时，可采用示踪法进行定位、测深。它将能发射电磁信号的示踪探头（信标）或导线送入非金属管道内，沿着管道走向移动示踪探头，在地面上用接收机接收该探头所发出的电磁信号，根据信号变化确定地下非金属管线的走向及埋深（见图 4–14）。该方法探测非金属管道，信号强，效果好，但管道必须有放置示踪探头的出入口。探头实际上是一磁偶极子，从轴心辐射出一峰值区，在每一峰值端形成回波信号。调节接收机的灵敏度，仔细寻找回波信号及两回波信号间的峰值信号，同时沿垂直管线的方向寻找最大值信号，以确定管道的正确位置；还可以通过在地面接收到的探头信号的运动轨迹和运动情况，判断出地下管线的故障位置（见图 4–15）。

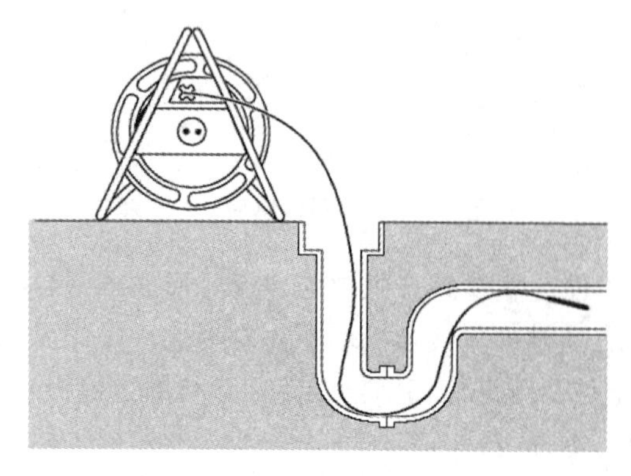

图 4–14　示踪法示意图

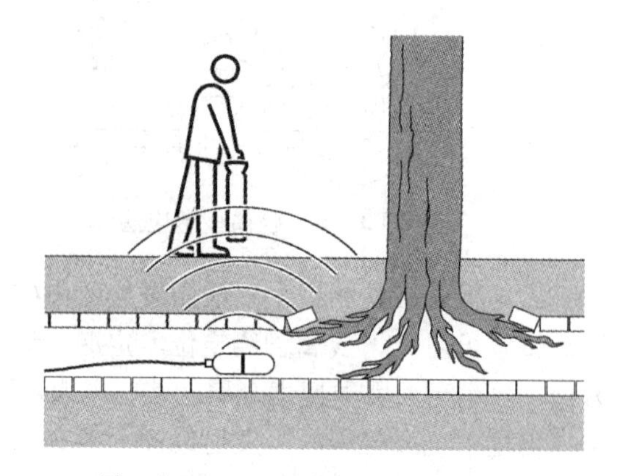

图 4–15　示踪法探测地下管线故障

示踪法探测作业时，地下磁偶极子在地面的水平分量为：

$$H_x = \frac{m}{x^3}(3\cos^3\theta - 1) = \frac{m}{r^5}(2x^2 - h^2) \tag{4–1}$$

式中：x——接收机与地下管道的垂直距离，m；

h——地下管道埋深，m；

γ——接收机与地下磁偶极子之间的距离，m；

θ——接收机与地下磁偶极子连线水平投影与地下管道的夹角；

m——接收机的参数。

当 x=0 时，接收机在示踪探头的正上方。当 $x = \pm\sqrt{2}h/2$ 时，H_x=0。即在地面上可探到两个过零点，这两个过零点之间的距离 x_0 与管道埋深 h 的关系为 $h = 0.7x_0$，即示踪探头的深度为两过零点之间距离的 0.7 倍。

2. 定位、定深方法

无论采用直接法还是感应法来传递发射机的交变电磁场，均会使地下管线被激发而产生交变的电磁场，该电磁场可被高灵敏度的接收机所接收，根据接收机所测得的磁场分量变化特征，可对被探测的地下管线进行定位、定深。

1）定位方法

利用管线仪定位时，可采用极大值法或极小值法。极大值法利用测定的磁场水平分量 H_x 或 ΔH_x 的极大值位置定位；当管线仪不能观测 H_x 或 ΔH_x 时，可以采用极小值法定位，即采用测定垂直分量 H_z 的极小值位置定位。两种方法宜综合应用，对比分析，确定管线平面位置。

（1）极大值法

接收机的接收线圈与地面平行，接收机处于水平天线工作模式，接收机在管线上方沿垂直管线方向移动，当处于管线正上方时，接收机测得磁场水平分量（H_x）或水平分量梯度（ΔH_x）最大，如图 4–16（a）、（b）所示。

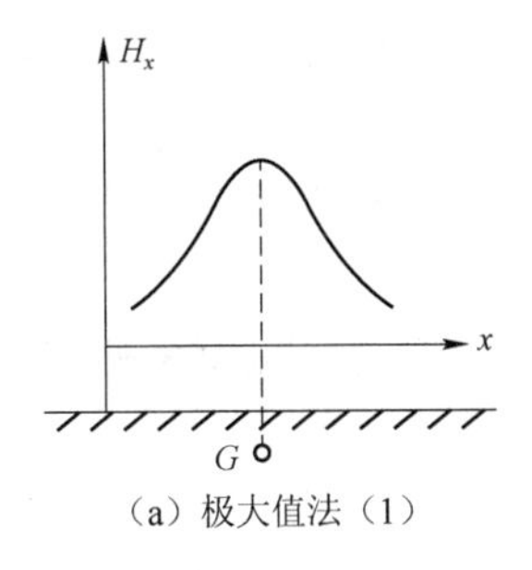

（a）极大值法（1）

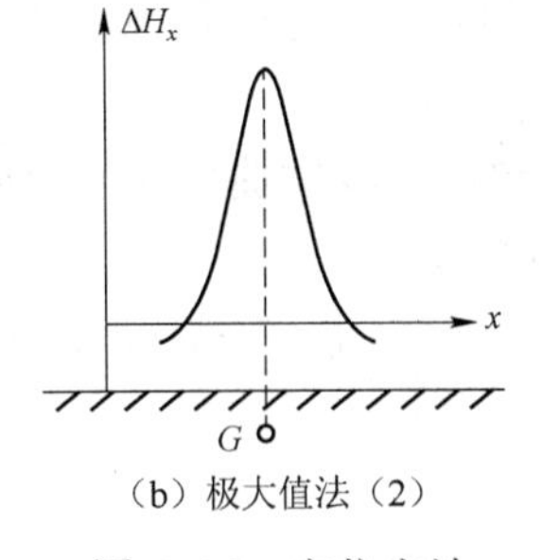

（b）极大值法（2）

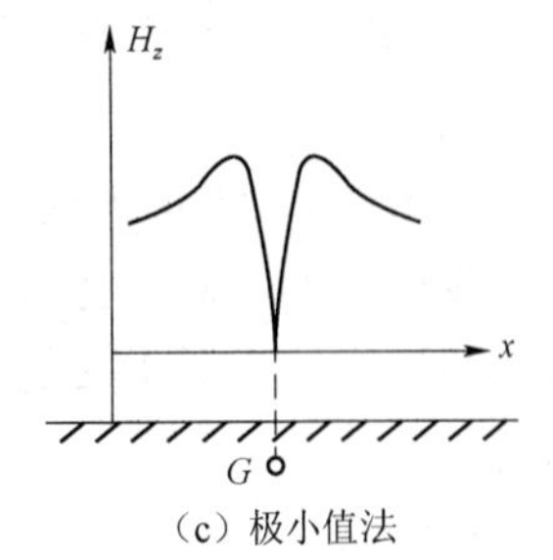

（c）极小值法

图 4–16　定位方法

（2）极小值法

接收机处于垂直天线工作模式，接收机在管线上方沿垂直管线方向移动，当处于管线正上方时，接收机测得磁场垂直分量最小（理想值为零），根据接收机中 H_z 最小读数点位置来确定被探测的地下管线在地面的投影位置，见图 4–16（c）。H_z 异常易受来自地面或附近管线的电磁场干扰，用极小值法定位时应与其他方法配合使用。当被探测管线附近没有干扰时，用此法定位有较高的精度。

2）定深方法

用管线仪定深的方法较多，主要有特征点法（ΔH_x百分比法，H_x特征点法）、直读法及45°法（见图4–17）。探测过程中宜多种方法综合应用，同时针对不同情况先进行方法试验，选择合适的定深方法。

（1）特征点法

利用垂直管线走向的剖面，测得的管线异常曲线峰值两侧某一百分比值处两点之间的距离与管线埋深之间的关系，来确定地下管线埋深的方法称为特征点法。不同型号的仪器，不同的地区，可选用不同的特征点法。

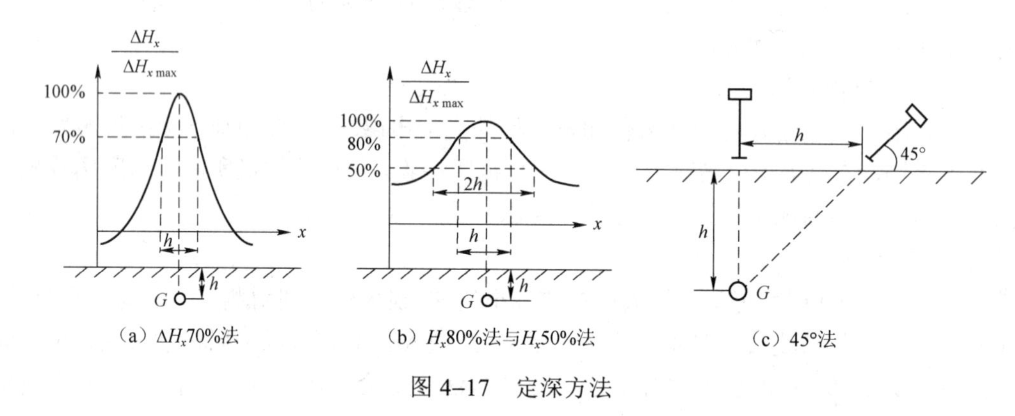

（a）ΔH_x70%法　（b）H_x80%法与H_x50%法　（c）45°法

图4–17　定深方法

① ΔH_x 70%法。ΔH_x百分比与管线埋深具有一定的对应关系，利用管线ΔH_x异常曲线上某一百分比处两点之间的距离与管线埋深之间的关系即可求得管线的埋深。由于仪器的设计理念差异，实测异常曲线与理论异常曲线有一定差别，可采用固定ΔH_x百分比法定深。图4–17（a）为70%法。此方法最为常用。

② H_x特征点法。有以下两种：

a）H_x 80%法，管线H_x异常曲线在峰值两侧80%极大值处的两点之间的距离，为管线的埋深，见图4–17（b）；

b）H_x 50%法（半极值法）：管线H_x异常曲线在峰值两侧50%极大值处的两点之间的距离，为管线埋深的两倍，见图4–17（b）。

以上两种方法相对于ΔH_x 70%法精度低，一般较少采用，但在某些地电条件下还是能够满足精度要求的。

（2）直读法

有些管线仪利用上、下两个水平线圈测量磁场的梯度，磁场梯度与埋深有关，可在接收机中直接读出地下管线的埋深。这种方法简便，但由于受管线周围介质电性和地下管线互感作用的影响比较大，应在不同地段、不同已知管线上方，通过方法试验，确定探测对象和测深修正系数，进行深度校正。由于此种方法易受周围电场环境的影响，一般不被采用。

（3）45°法

先用极小值法精确定位，然后使接收机线圈与地面成45°，沿垂直管线方向移动，寻找零值点，该点与定位点之间的距离等于地下管线的中心埋深，见图 4–17（c）。使用此方法时，接收机中必须具备能使接收线圈与地面成 45° 的扭动结构，若无此装置则不宜采用。线圈与地面是否成 45° 及距离量测精度均会直接影响埋深精度。该方法对于接收机 45° 倾斜角很难掌握，故此外业很少采用。

当然，定深还有其他方法。方法的选用可根据仪器类型及方法试验结果确定。需要指出的是，非直线段测深点位置应选择在管线点前后各 3～4 倍管线中心埋深范围内（分支点或转折点）；当在信号复杂地段，特别是有近距离干扰时，应根据管线电流的矢量叠加情况，选择不受影响或受影响小的一边的 2 倍获取埋深值，也就是半极值取值法。

3. 管线搜索和特征点探测

在地下管线探测中应遵循以下原则：从已知到未知，从简单到复杂，方法简便有效，复杂条件下采用综合方法等。探测地下管线应依照地下管线探测基本程序，通过方法试验确定相关参数。在方法试验的基础上，针对不同的管线种类及地电条件，选择简便有效的探测方法。不论采用哪种探测方法，在施工前，都要在已知管线上，根据不同的地电条件进行方法试验，评价探测方法的有效性和精度，然后推广到未知区开展探测工作。如果有多种探测方法可被采用，应首选简便、有效、安全及成本低的方法。在管线十分复杂的地区，单一的探测方法往往不能正确识别地下管线或者探测精度不高，所以在探测地下管线时提倡多种探测方法综合应用，以提高对管线的分辨率。

1）管线搜索

管线搜索包括对地下管线的搜索及管线在地面投影位置的确定。对地下管线搜索，可采用平行搜索法、圆形搜索法及追踪法。利用管线仪确定管线的平面位置时，仍然使用极大值法与极小值法。

（1）平行搜索法

发射机发射线圈呈水平偶极子发射状态，直立放置，发射机与接收机之间保持适当的距离（应根据方法试验确定最佳收发距离），两者对准后成一直线，同时向同一方向前进（参见图 4–12）。当前进路线地下存在金属管线时，发射机的一次场会使该金属管线感应出二次场，接收机接收到二次场便发出信号，或根据仪器电表中的指示确定地下管线的存在位置。

（2）圆形搜索法

原理同平行搜索法，其区别是发射机位置固定，接收机在距发射机适当距离的位置上（大于最小收发距），以发射机为中心，沿圆形路线扫测（见图 4–18）。扫测时要注意，发射线圈与接收线圈应对准成一条直线，且接收机的平面应与搜索方向垂直。此方法主要是用来扫描分支管线。

（3）追踪法

沿着管线延伸方向逐点定位，称为追踪法。追踪时，定点间距视探测精度要求而定，一般 5～20 m。当采用磁偶极感应法追踪时，发射机放置在地下管线上方，并与其平行，接收机与发射机距离要大于最小收发距，见图 4–19。若需要较近距离时，应降低灵敏度，避免发射机一次场的影响。

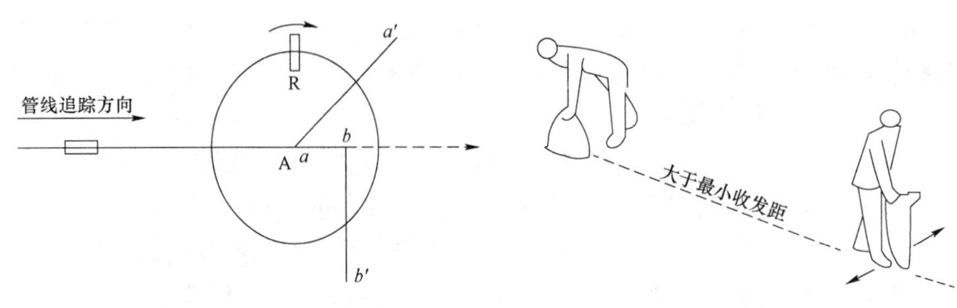

A—发射机；R—接收机；aa'，bb'—分支管线。

图 4–18　圆形搜索法　　图 4–19　追踪法

用圆形搜索法或追踪法确定最大信号的近似位置后，可进行精确定位。以接收天线为支点，旋转接收机，直到仪器表头显示最大信号，此方向与发射机连接的方向为管线的走向，再在垂直走向的剖面内，用最大值法或最小值法进行精确定位。

2）特征点探测

（1）管线拐点的确定

管线拐点也叫管线的折转点，无论采用直接法还是感应法，当用接收机沿管线追踪时，在拐点处接收机的信号都会骤然下降。这时需回退至信号的下降处，适当调整接收信号增益，以该点为圆心做圆形搜索，最好搜索一周，可发现管线的去向。在每段直线段上，至少应确定两个点位，用交会法确定管线拐点的位置（见图 4–20），并实地标定其位置。

（2）分支管线定位

电流在管线体内传播的过程中，遇到分支管线会发生分流作用。管线电流受分流作用的影响，沿管线的响应信号强度会下降，而接收到的信号也会下降。此时，同样需要找到信号衰减处，圆形搜索一周，可适度放大接收信号增益，根据异常分布位置，确定分支管线的走向及平面位置，并由此获取主管与分支管线的关联关系和管线属性数据，如图 4–21 所示。

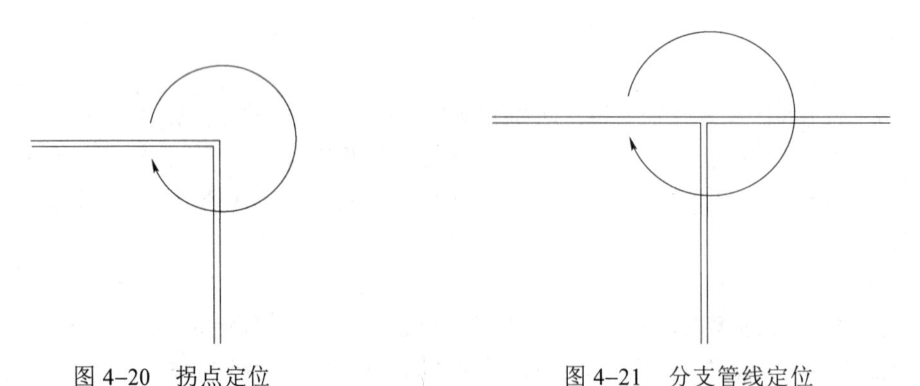

图 4–20　拐点定位　　图 4–21　分支管线定位

（3）管线四通点的探测

对以上两种管线敷设现象的探测，电磁场表现出一个共同点，就是电磁场在某一点急剧衰减或消失。而此种情况并不意味着遇到了管线的端点，更多的情况是管线在另一方向上的延伸。在追踪管线过程中遇三通点、四通点时，接收信号会有明显的衰减，此时同样要返回信号衰减处，做圆形搜索，就可找到三通点、四通点位置。图 4–22 是三点定位探测四通点位置，首先采用直接法进行追踪探测，发现在 A 点处信号衰减梯度较大；在此点处进行圆形搜索，分别对信号走向进行追踪，判断管线连接关系，经开挖验证较为准确。

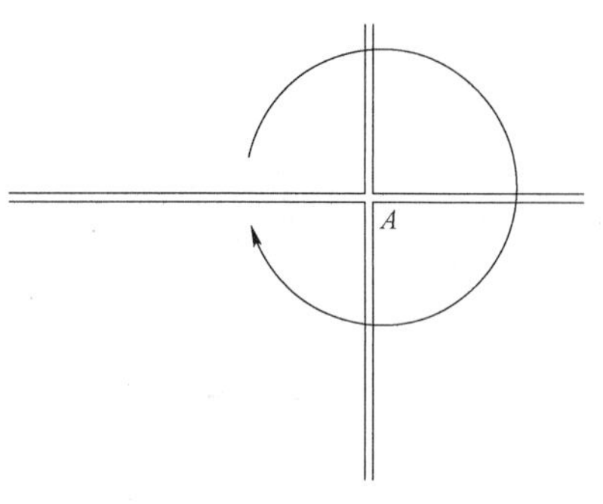

图 4–22　三点定位探测四通点位置

（4）变深点探测

多数情况下，管线埋深变化不大，追踪管线时，信号变化平稳。当接收机收到的信号有明显增强或减弱时，管线可能正在变浅或变深。此时，离开该点适当距离（如 2 m），设置 A、B 两点，在 A、B 两点加密测深，尽量趋近 A、B 两点，若 A、B 两点深度不一致，说明管线在此变深，而此时可逐步靠近埋深变化点加密测深，依据其深度变化情况，确定变深点位置；而当 A、B 两点深度一致时，说明管线在此点变换材质或连接性不好，导致信号下降较快。如图 4–23（a）所示。

（5）变坡点探测

对于变坡点［见图 4–23（b）］，其定位方法同变深点类似。二者的不同之处在于，前者在逐步逼近时须配合埋深测定，根据埋深值的变化区间判定变坡点的位置。

（6）截止点探测

追踪管线时，若遇信号完全消失，可在信号消失处做圆形搜索，若沿管线前进方向和侧翼均无信号响应，说明管线在此截止（见图 4–24）。要确定管线断头的准确位置，应沿管线延长线方向测其埋深，间距不宜过大 30～40 cm，埋深值突然变化之处，就是管线截止点位置。

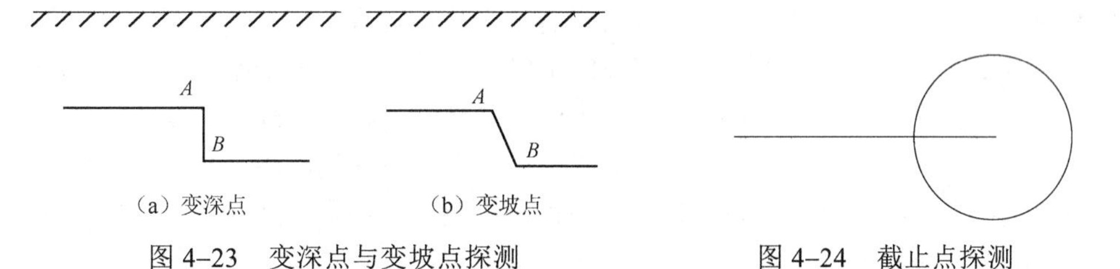

（a）变深点　（b）变坡点

图 4–23　变深点与变坡点探测

图 4–24　截止点探测

3）电流测量在管线密集区探测中的应用

在管线密集区，接收机可能会在旁边的干扰管线上方探测到比目标管线更强的电磁信号，因为该处干扰管线埋深比目标管线要浅（见图 4–25）。图中，剖面曲线有三个异常峰值，而最大的异常所对应的是非目标管线，如按常规方法解释，以接收到的信号强度来判定，很可能会得出错误的结论，若配合电流测量就可避免这一错误判断，从图上方的电流数值看，目标管线上的电流值最大。如果能再进行电流方向测定，可以更可靠地识别目标管线，因为目标管线的电流方向与邻近管线感应电流方向相反（见图 4–26）。

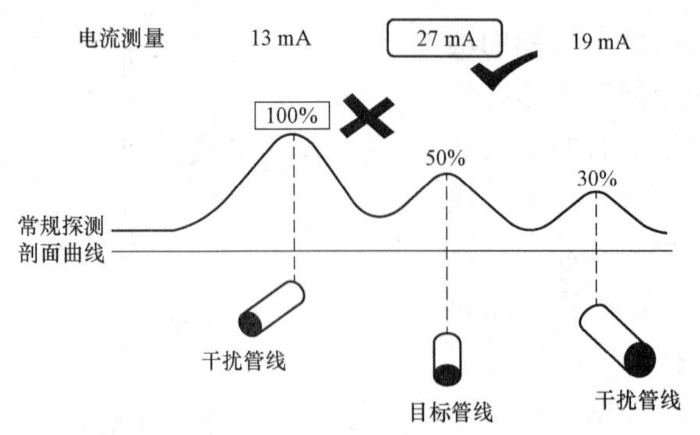

图 4–25 电流测量（大小）辅助管线探测

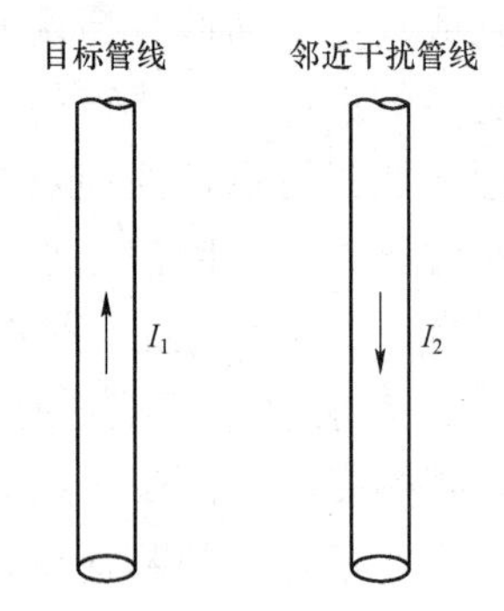

图 4–26 电流测量（方向）辅助管线探测

4.3.2 金属管线探测仪在探测地下管线中的应用

金属管线探测，在单一管线、地电条件简单的情况下比较容易。在多条管线或地电条件较复杂的情况下，可根据不同的条件进行方法试验，并通过开挖验证评定探测方法的有效性，做到最合理、最正确地定位及定深。在地电条件简单、外界干扰较小的环境下，探测口径较大、管道壁有钢筋网的非金属管线（如排水管、上水管）时，采用高频电磁法探测也能取得较好的效果。

在某一测区内，对于金属地下管线，首先利用管线的露头进行直接法或夹钳法探测。这两种方法具有较高的分辨率，是探测地下管线的首选方法。在无管线露头的情况下，对地下管线进行被动源法或感应法搜查。开展管线探测工作之前，应先了解地下管线的分布情况，然后对各管线进行追踪定位。不同类型的管线，其物性、分布、结构等不同，故探测方法也不同。但究竟哪一种管线适合采取什么技术方法，下面结合实际工作中的经验做一介绍。

1. 铸铁管线的探测

铸铁管材多用于给水管线，但给水管线也有少量采用混凝土管和塑料管的。对于金属焊接管，其电连接性较好，管线上方具有较好的电磁场异常。铸铁管线通常由很多短管和管件对接而成，在接头处，为了防止漏水，对接头进行了橡胶圈封漏处理，导致该处电连接性较差，对电磁信号阻抗较大。在干燥地区，金属管线与大地组成的回路具有较高的阻抗，管线电磁场异常偏弱，但上水管窨井露头较多，在探测中采用直接法、感应法、夹钳法或综合应用各方法，都能取得较好的探测效果。在分支点处，多采用直连法；在直线段区域，多采用感应法。探测频率尽量采用高频。

如果有其他管线采用铸铁管材，因出露点少（煤气等）而不能采用直连法时，可采用感应法。不过采用感应法时应尽量做到如下两点：一是选用最小收发距小的仪器（如不大于 5 m），尽量使激发与接收在同一个管段上（一般铸铁管长度为 6 m），以降低阻抗；二是采用高频率（83 kHz），提高发射信号的传导激发能力。

2. 线缆类管线的探测

电力电缆中有 50～60 Hz 的交流电，利用工频法直接探测区内由电力电缆、游散工业电流激发出异常电磁场的其他金属管线（热力、燃气等），不但可查得管线的概略赋存位置和条数，而且还能避免因无出露点而漏查管线。线缆类管线的精确定位则采用夹钳法、感应法。使用夹钳法探测高压电缆时，若电缆中载有较强的电流，夹钳内会产生较强的感应电流，夹钳会发生强烈震颤，操作时不要碰触夹钳的接头处，如果震颤过于激烈，对于该类超高压电缆，不建议采用夹钳法。

工程案例 1：单条电缆探测

厦门市某一建筑工地下面埋有高压电缆。为指导施工，需探明电缆的准确位置及埋深，利用管线仪接收机采用工频法进行搜索，得一峰值信号，沿信号追踪，初步断定为地下管线，用极值法对异常进行了进一步的准确定位。之后采用 70%法定深为 0.80 m 左右，经开挖，证实异常处确为地下电缆，电缆的平面位置及埋深都非常准确。

工程案例 2：多条电缆（电缆束）探测

苏州市人民路有四条高压直埋输电电缆，长度为 1.2 km。四条电缆埋在人行道一侧宽度为 0.6 m 的沟内，有 3 条 110 kV 的输电电缆，1 条 10 kV 的输电电缆。使用管线仪接收机用被动源法（工频法）进行搜索，得一信号异常曲线（见图 4–27），然后追踪，确定其为地下电缆，又用感应法（8 kHz）探测，得另一异常曲线（见图 4–28），两种曲线峰值迥然不同。经分析，由于电缆的异常叠加，形成双峰曲线，可理解为中间两根电缆的电流方向相反，经过矢量叠加，降低了电磁场强度。而曲线一边衰减较慢，另一边衰减较快，也是矢量叠加的原因所致。而在感应法中，各条电缆相距较近，在主动场源作用下，各条电缆线同时被激发，也同时互感，造成异常的同向叠加，其异常峰值在四条电缆的矢量叠加中心，这也就不难理解了。

经分析，由于异常矢量叠加，所探得的管线埋深与管线的实际埋深存在较大的误差。在这一测区内，电缆敷设较长，为了验证分析并取得在此情况下探测深度的修正系数，在多点进行开挖，发现结果与先前分析一致，同时取得了修正系数，对探测深度进行修正后，取得了较好的探测效果。

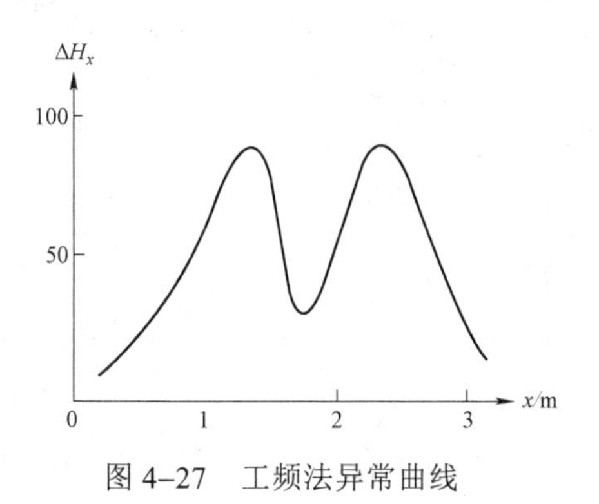

图 4–27　工频法异常曲线

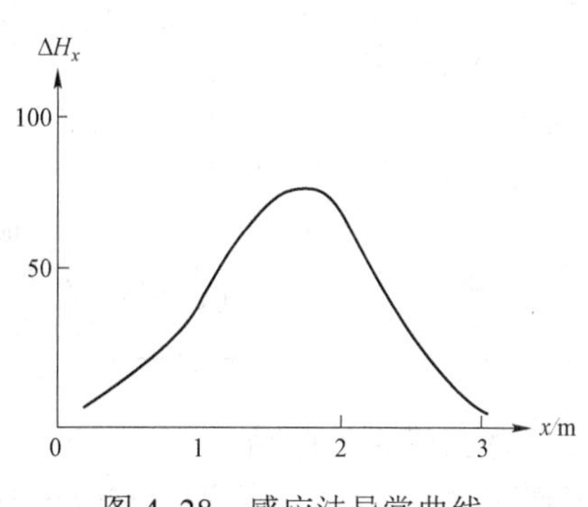

图 4–28　感应法异常曲线

3. 通信线缆的探测

通信线缆以单根电缆或电缆束形式存在，外层包有胶皮。探测通信线缆时，一般不用直接法，多采用夹钳法、感应法或被动源法（“R”模式）。在通信电缆条数多的情况下，由于通信线缆横截面上电缆分布不均匀，且由于电缆之间的相互激发，情况比较复杂，此时可根据电缆线所围成的横断面的几何图形，求其几何中心位置，并将其视为单管线的中心位置，再对探测结果进行平面和埋深修正，因此这种方法也称为“几何中心修正法”。一般情况下，考虑到信号传输距离和激发能力，采用中间频率；如果处在管线交叉、重叠较为复杂的地段，采用低频方式更好。

4. 钢管类管线的探测

钢管类管线，一般情况下输送的多为燃气、氧气、油、乙炔等危险物体，禁止使用直接法探测。管段之间多为焊接或使用螺丝对接，电连接性较好，采用感应法、夹钳法或被动源法进行探测，即可达到探测目的。

随着新型 PE、PVC 非金属管线材料的出现和被广泛应用。对于随管线铺设有示踪线的非金属管线，可采用直接法对示踪线予以追踪，而后通过开挖的方式获取示踪线和非金属管线之间的埋深、平面关系，对探测结果进行修正，以达到探测精度要求。

工程案例 3：煤气管道探测

在广州某大道有一直径为 529 mm 的燃气管道，其与周边管线的布置关系如图 4–29 所示。首先采用管线仪对地下管线搜索追踪，在 *A* 点处信号迅速衰减，确定管道在此折转，通过圆形搜索法，重新抓住信号的走向，即管道走向，继续追踪，在 *B* 点处，向前少许，信号又迅速衰减，再用圆形搜索法，抓住信号继续追踪，初步判定管线的走向，然后对管线进行精确定位（极值法）、定深（70%法），最后采用探地雷达检查。探测结果符合要求。

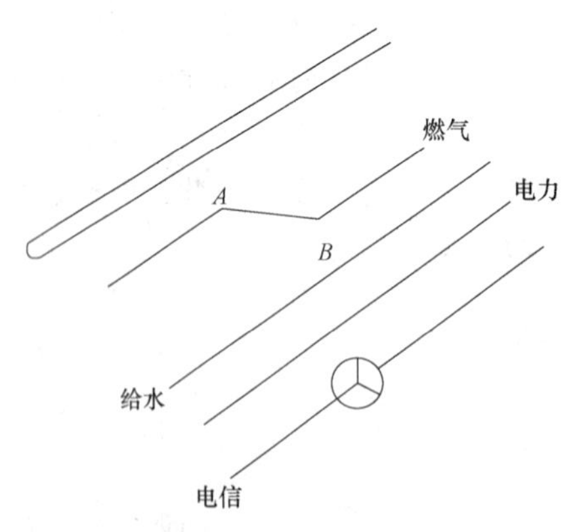

图 4–29　燃气管道与周边管线的布置关系

5. 开放式管道的探测

所谓开放式管道，就是管道有两个或两个以上与外界相通的管线（如排水、输水区等）。

排水管道多为混凝土管，窨井较多，一般以开井直接调查为主，但有些由于种种原因，造成井位被覆盖，或位于封盖的自然沟渠中，在这种情况下，若条件允许，可用示踪法进行探测。

在多个城市的开发区地下管线普查工程中，以频率域电磁法为主进行地下管线探测。例如，图 4–30 是某个城市最后形成的综合地下管线图，与其对应的地下管线点成果表如表 4–3 所示。频率域电磁法作为管线探测的主要手段，在探测中发挥了重要作用，其中的电力、通信、给水、煤气管线均采用频率域电磁法定深和定位。经重复探测和钎探验证，精度符合相关地下管线探测规程的要求。

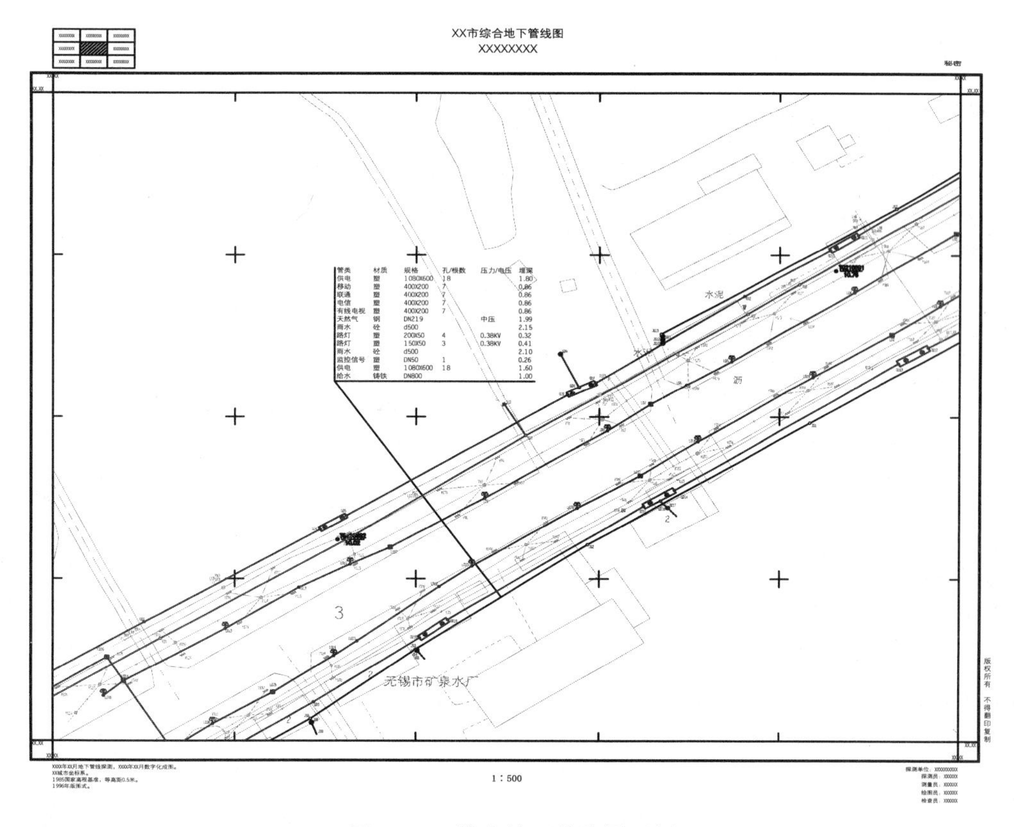

图 4–30　综合地下管线图示例

表 4–3　与图 4–30 对应的地下管线点成果表

工程名称：×××市地下管线普查　　　　图幅编号：××××××

图上点号	物探点号	连接点号	管线点		管线材质	套管材质	规格/mm	平面坐标/m		地面高程/m	埋深/m		孔（根）数/流向	压力/电压/kV	埋设方式
			特征	附属物				X	Y		起点	终点			
YS1	YS03041	YS03042	放水口		砼		500	69 492.356	27 399.460	2.994	2.15	2.12	1		直埋
YS2	YS030411	YS03049	四通	客井	砼		600	69 499.799	27 269.447	2.644	2.14	2.69	0		直埋
YS2	YS030411	YS030412	四通	客井	砼		500	69 499.799	27 269.447	2.644	1.97	1.97	1		直埋
YS2	YS030411	YS030413	四通	客井	PVC		300	69 499.799	27 269.447	2.644	1.30	1.30	1		直埋
YS2	YS030411	YS030416	四通	客井	砼		600	69 499.799	27 269.447	2.644	2.24	1.49	1		直埋
YS3	Y9030412	YS030411	非普查区		砼		500	69 494.267	27 267.232	2.519	1.97	1.97	0		直埋
YS4	YS03042	YS03041		客井	砼		500	69 479.436	27 399.799	2.995	2.12	2.15	0		直埋

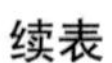

图上点号	物探点号	连接点号	管线点		管线材质	套管材质	规格/mm	平面坐标/m		地面高程/m	埋深/m		孔（根）数/流向	压力/电压/kV	埋设方式
			特征	附属物				X	Y		起点	终点			
YS4	YS03042	YS03043		客井	砼		500	69 479.436	27 399.799	2.996	2.12	2.10	1		直埋
YS5	YS03043	YS03042		客井	砼		500	64 969.674	27 395.599	2.994	2.10	2.12	0		直埋
YS5	YS03043	YS03044		客井	砼		500	69 469.674	27 395.599	2.994	2.22	2.37	1		直埋
YS6	YS03044	YS03043		客井	砼		500	69 473.675	27 377.475	2.794	2.37	2.22	0		直埋
YS6	YS03044	YS03045		客井	砼		500	69 473.675	27 377.475	2.794	2.41	3.55	1		直埋
YS7	YS03045	YS03044		客井	砼		500	69 493.654	27 339.427	3.950	3.55	2.41	0		直埋
YS7	YS03045	YS03046		客井	砼		600	69 493.654	27 339.427	3.950	3.55	2.50	1		直埋
YS8	YS03046	YS03045	三通	客井	砼		600	69 497.693	27 320.949	3.525	2.50	3.55	0		直埋
YS8	YS03046	YS03047	三通	客井	砼		600	69 497.693	27 320.949	3.525	2.54	2.11	1		直埋
YS9	YS03046	YS03048	三通	客井	砼		900	69 497.683	27 320.949	3.525	2.50	2.68	1		直埋
YS9	YS03047	YS03046	非普查区		砼		600	69 466.903	27 316.092	2.555	2.11	2.54	0		直埋
YS10	YS03049	YS03046		客井	砼		900	69 493.325	27 297.692	3.150	2.68	2.50	0		直埋
YS10	YS03049	YS030411		客井	砼		600	69 493.325	27 297.692	3.150	2.69	2.14	1		直埋
YS11	YS03049	YS030410		客井	PVC		300	69 497.996	27 295.313	2.794	1.50	1.50	1		直埋
YS11	YS03049	YS030413		客井	PVC		300	69 497.996	27 295.313	2.794	1.70	1.60	0		直埋

探测单位：××× 制表者：××× 校核者××× 日期：××××年×月××日 第 1 页共 1 页

4.3.3 探地雷达探测工作法

利用探地雷达探测地下管线，应该根据现场场地的地质、地球物理特点及探测任务，对有关的各种资料做充分研究，对目标体特征与所处环境进行分析，必要时辅以适量试验工作，以确定探地雷达完成项目任务的可能性，并选定最佳测量参数、合适的观测方式，得到完整有用的探测数据记录。

探地雷达的适应性较强，可以用来探测各种金属管线及许多非金属管线，但与其他探测方法一样，要求所探测的目标与周围介质有一定的物性差异，目标体的电磁波反射波能被探地雷达所分辨。不分场合地盲目使用探地雷达，往往达不到期望的效果。

1. 探测方式

目前，探地雷达探测方式主要有剖面法、宽角法、共深点法和透射法。剖面法是地下介质探测工作常采用的方法，也是地下管线探测工作的主要方法；宽角法和共深点法主要用于求取地下介质的电磁波波速；透射法主要用于地面、墙体、楼板等有限体积物体的对穿探测。这里仅介绍与地下管线探测关系较大的剖面法、宽角法和共深点法。

1）剖面法

剖面法是发射天线和接收天线以固定间隔沿观测剖面同步移动的一种测量方法，其工作示意图如图 4–31（a）所示。在某一测点测得一条波形记录后，天线便同步移至下一个测点，进行该测点的波形记录测量，可得到由一条条记录组成的雷达时间剖面图像。图像的横坐标为两天线中点在剖面上的位置，纵坐标为雷达脉冲波从发射天线出发，经地下界面反射后回到接收天线的双程走时，如图 4–31（b）所示。这种记录能反映正对剖面下方地下各个反射面的起伏变化。

图 4–32 是无地下管线的雷达时间图像。从图 4–32 来看，图像整体平稳，无波动现象，无异常显示，这就说明在扫描的区间范围内无地下管线的敷设或可疑地质体。

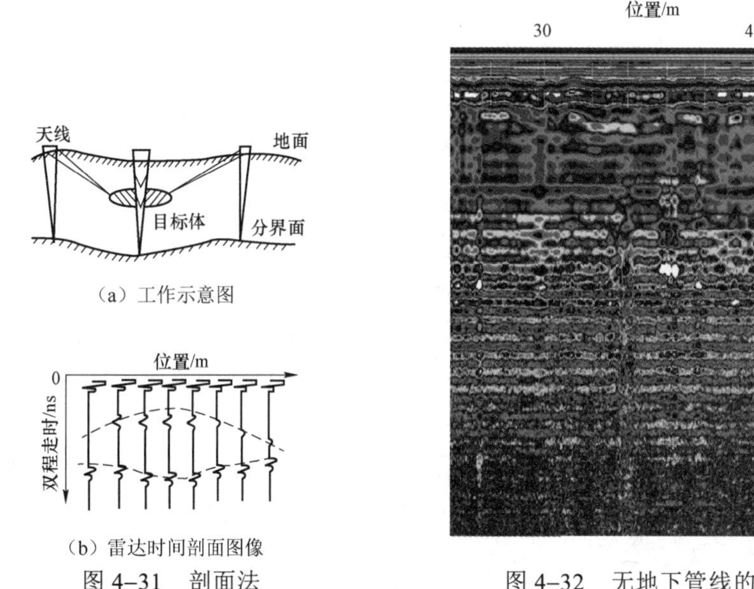

（a）工作示意图

（b）雷达时间剖面图像

图 4–31 剖面法

图 4–32 无地下管线的雷达时间图像

图 4–33 是有地下管线的雷达时间图像。在图 4–33 中就有几处明显的波动图像，有异常出现，这也是实际测量中乐意看到的，此情况说明在探测的地下范围内有管线或可疑地质体存在。通过解释异常图像，可获取所需要管线的属性数据。

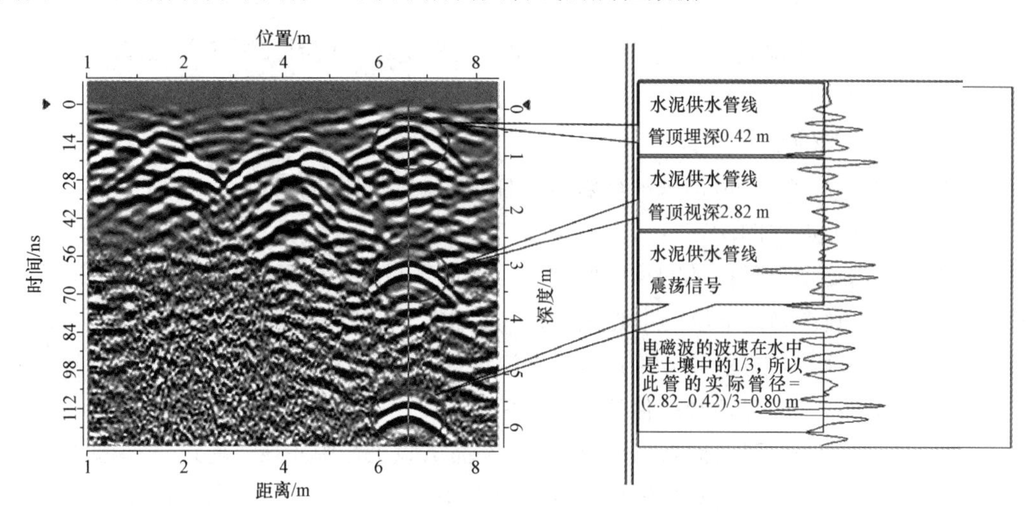

图 4–33 有地下管线的雷达时间图像

2）宽角法与共深点法

宽角法是一个天线不动，逐点以同一步长移动另一天线的测量方法。共深点法则是发射天线与接收天线同时由一中心点向两侧反方向移动的测量方法。宽角法和共深点法的雷达时间图像特征相似，主要用来求取地下介质的电磁波波速。这两种方法只能用于发射、接收天线分离的双天线雷达。

2. 现场工作步骤

探地雷达现场工作大体可分为三个步骤：资料收集与现场踏勘；工作参数选择；剖面探测。

1）资料收集与现场踏勘

资料收集、现场踏勘的任务主要是初步确定探地雷达法完成项目任务的可能性，并为后期工作提供参考资料，主要包括以下 5 个方面：

① 目标体与周围介质的物性差异；

② 目标体深度；

③ 目标体的规模，通常要求目标体深度与目标体大小之比不大于 10:1；

④ 目标体周围介质，要求目标体周围介质的不均一性影响小于目标体的响应；

⑤ 地表环境，主要指雷达测点附近存在的大件金属物体或无线电射频源。

2）工作参数选择

雷达工作参数选择合适与否，直接关系到雷达原始资料的质量。工作参数主要包括中心工作频率、天线间距、测点点距、采样间隔、介质电磁波波速、采样时窗和天线布设方式等。

（1）选择中心工作频率

雷达中心工作频率的选择，需考虑目标体深度、目标体最小规模及介质的电性特征。

（2）选择天线间距

常用的偶极分离天线具有方向增益，在临界角方向天线的发射、接收增益最强。

（3）选择测点点距

选择测点点距，应遵循奈奎斯特（Nyquist）采样定律，同时兼顾工作效率。奈奎斯特采样间隔为介质中波长的 1/4。

（4）采样间隔的确定

采样间隔指的是一条波形记录中反射波采样点之间的时间间隔。

（5）介质电磁波波速的确定

雷达所记录的是来自目标体的反射回波双程走时，要确定目标体的深度，还需知道地层的电磁波波速。准确地确定地层的电磁波波速，是做好图像时深转换的前提条件。目前，常用的地层电磁波波速确定方法有 4 种：由已知深度的目标体标定、用线状目标体计算、用宽角法测定、用地层参数及以往经验估算。

① 由已知深度的目标体标定这种方法常在剖面试验工作中完成，通过实测已知深度(h)的目标体反射回波双程走时(t)及目标体距离测点的距离 (x)，反算地层的电磁波波速 (v)：

$$v = \frac{\sqrt{x^2 + 4h^2}}{t} \tag{4–2}$$

② 用线状目标体计算方法适用于有一定走向长度的细长目标体，设在目标体正上方时

的双程走时为t_0，在地表偏离正上方x处的反射波双程走时为t_x，当目标体的直径远小于埋深时，埋深h为：

$$h=\frac{x}{\sqrt{\left(\frac{t_x}{t_0}\right)^2-1}} \tag{4-3}$$

电磁波波速v为：

$$v=\frac{2h}{t_0} \tag{4-4}$$

该方法对线状目标体的深度、波速测定具有较高的精度。

③ 用宽角法测定方法适用于目标体界面平坦时，用两个以上天线间距的共深点或宽角法观测结果，可以算出电磁波的传播速度v：

$$v=\sqrt{\frac{x_2^2-x_1^2}{t_2^2-t_1^2}} \tag{4-5}$$

式中，x_1、x_2为发射天线、接收天线与测点之间的距离；t_1、t_2为相应天线雷达波的双程走时。在实际工作中，常取多个天线间距数据同时计算，求取速度平均值。

④ 用地层参数及以往经验估算这种方法，适用于介质的导电率很低的情况，可采用下式估算：

$$v=\frac{c}{\sqrt{\varepsilon_r}} \tag{4-6}$$

式中，c为光速，ε_r为地下介质的相对介电常数。当介质的ε_r值不易确定时，也可根据相似条件场地的经验值估计。

（6）选择采样时窗

采样时窗宽度主要取决于最大探测深度和地下介质的电磁波波速。时窗宽度ω可用下式估算：

$$\omega=1.3\frac{2d_{max}}{v} \tag{4-7}$$

式中，d_{max}为最大探测深度，v为介质平均电磁波波速。

（7）选择天线布设方式

目前，探地雷达大多使用偶极天线，而偶极天线辐射具有优选的极化方向，天线的布设应使辐射电场的极化方向平行于目标体的长轴或走向。按天线与探测剖面（平行、垂直）及天线之间（垂射、顺射、交叉极化）的相互位置关系不同，天线有多种布设方式。一般来说，天线剖面均按垂直目标体走向的原则布设。

3）剖面探测

剖面探测包括试验剖面探测和正式剖面探测。在正式探测工作开始之前，一般都需要在已知区做试验剖面。试验剖面的主要目的是确定合适的工作参数、确认探地雷达在本测区的有效性及目标体在本测区的雷达图像特征。现场剖面探测是获取雷达实测记录的重要环节，在仪器工作参数正确选定之后，高质量的雷达波形记录是探测工作取得良好效果的重要保证。在现场剖面探测中，应注意以下 5 个方面：

① 雷达剖面走向应基本垂直于目标管线走向，当管线走向不清时，可采用方格测网；

② 在观测过程中，应保持天线与地面的良好接触，在场地平整度较低时，应对地面进行平整；

③ 剖面附近地面的大型金属物体，会使剖面图像出现严重的多次反射波干扰，进而掩盖地下介质变化的响应；

④ 由于探地雷达具有对非金属目标的探测能力，散射到空中的雷达波遇到地面上表面平整的大型非金属物体，如围墙、建筑物墙面等，也会出现反射回波，在观测过程中必须对这类非金属物体加以详细描述；

⑤ 现场必须设有足够的定位标志点，以便布设观测剖面，方便将来的成果使用。

4.3.4 探地雷达在探测地下管线中的应用

1. 金属管线探测

埋设于地下的金属管线，与周围土壤的导电性、介电性都有极大差异，铁磁性管道与周围介质还有导磁率的差异。因此，地下金属管线与土壤的界面对雷达波的反射能力很强，雷达剖面图像上将出现振幅很强的反射波组。

工程案例 4：绍兴市污水管探测

图 4–34 为在绍兴市一有压污水管线处测得的雷达探测剖面图像。雷达探测剖面与地下金属管线走向大致垂直，工作中使用 MALA 探地雷达，中心工作频率为 250 MHz，有效采样时窗为 130 ns，测点点距为 0.2 m，天线间距为 0.6 m。场地土质比较均匀，雷达图像中基本无地下不均匀体干扰反射波，除了近于水平的地层反射波组外，只有一个很明显的孤立双曲线形反射波组，反射波振幅强，双曲线两叶长，具有较典型的金属体反射波组特征。双曲线形反射波组的顶点位于 2.8 m 深度，反映了地下金属管线顶部埋深。金属管线的雷达反射波明显，反射波组振幅强，双曲线两叶较长，目标体埋深较浅时，还会出现多次反射波。

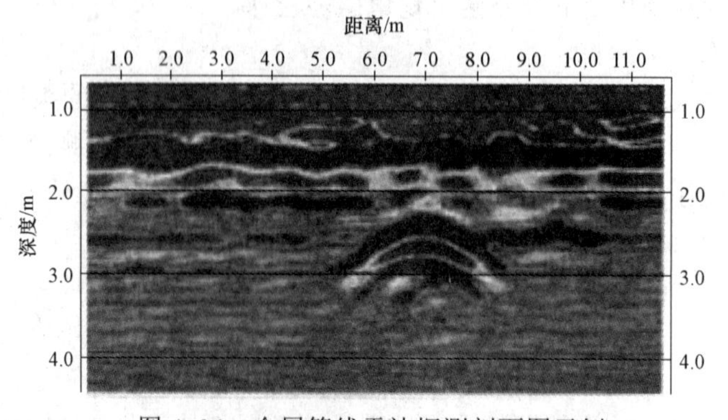

图 4–34 金属管线雷达探测剖面图示例

对于金属管线探测，探地雷达应该是相对效果比较明显的，即便是在沥青路面、交通繁忙的条件下，仍能取得较好的效果。

2. 非金属管道探测

非金属管道的反射波组形态特征与金属管线相似，但由于非金属管道与周围介质的电性差异比起金属管线来要小得多，电磁反射系数也小得多，所以与金属管线的反射波组相比，充水非金属管道的反射波振幅较小，双曲线形反射波的两叶较短，很少出现多次反射波。当非金属管道内不充水时（充满空气），反射波振幅则明显变大，波组两叶有所增长，当埋深很浅时，还可能出现多次反射波。

工程案例 5：回填区水泥给水管道探测

图 4–35 是在某地回填区探测水泥给水管道的实例。现场回填厚度 1 m 左右，探查的是位于回填土下方水平距 1.2 m 处管径 200 mm 的水泥给水管道，采用探地雷达连续扫描，使用 400 MHz 天线，探测管道顶深 1.04 m。

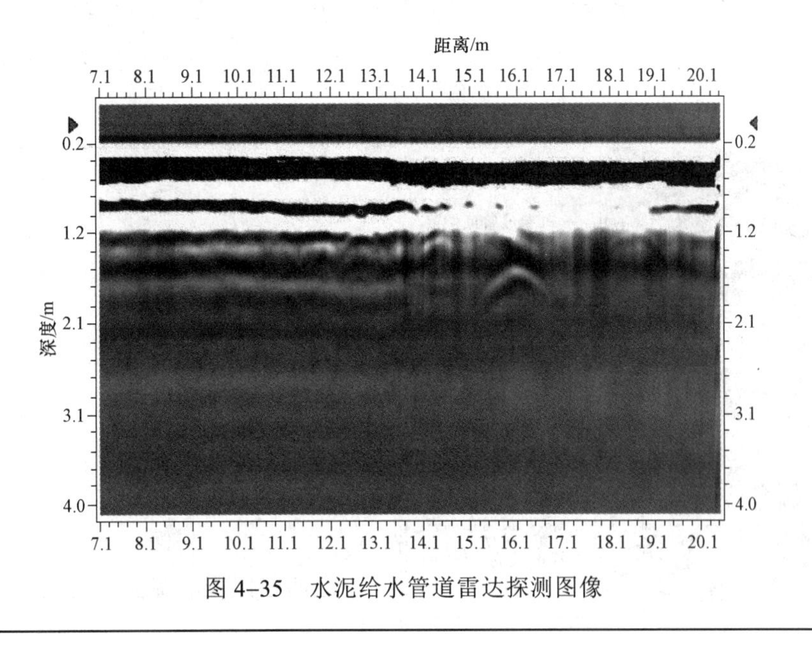

图 4–35　水泥给水管道雷达探测图像

工程案例 6：塑料管线探测

在某市管线探测中，使用 MALA 探地雷达，选用中心频率为 250 MHz 和 400 MHz 的天线阵，图 4–36 为其中一个探测断面的雷达图像，从图上可以很容易地分辨出目标塑料管线，计算出的深度为 0.9 m，平面位置为 0.2 m，与开挖验证结果（平面位置 0.27 m、深度 0.85 m）基本吻合。

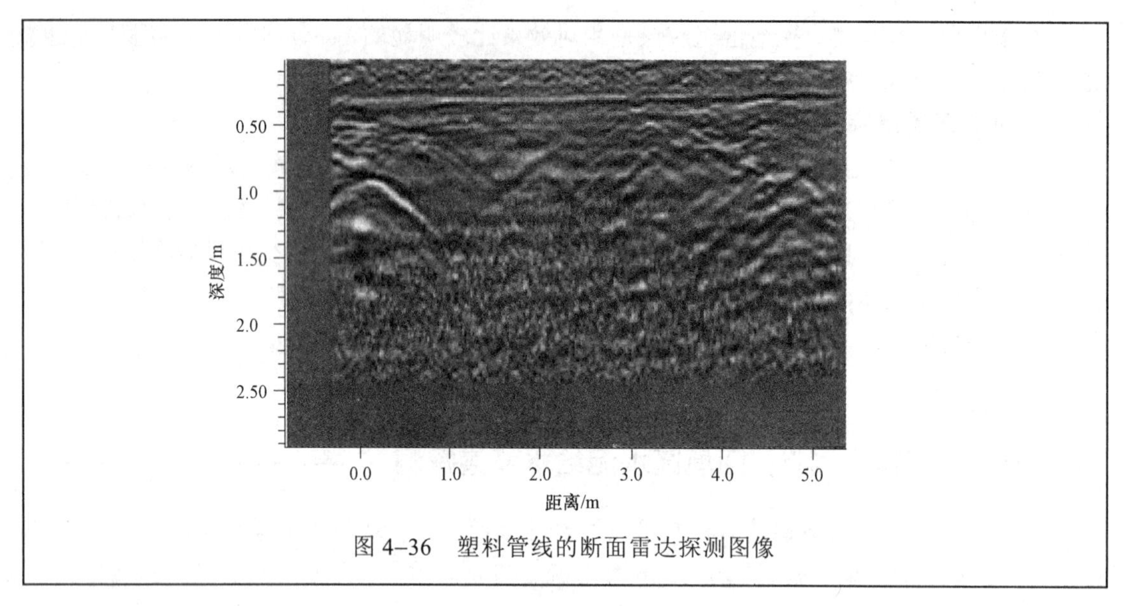

图 4–36　塑料管线的断面雷达探测图像

图 4–37 是探测地下 PE 管线的雷达探测图像，可以很清楚地看出管顶埋深、管底视深，进而计算出管径。

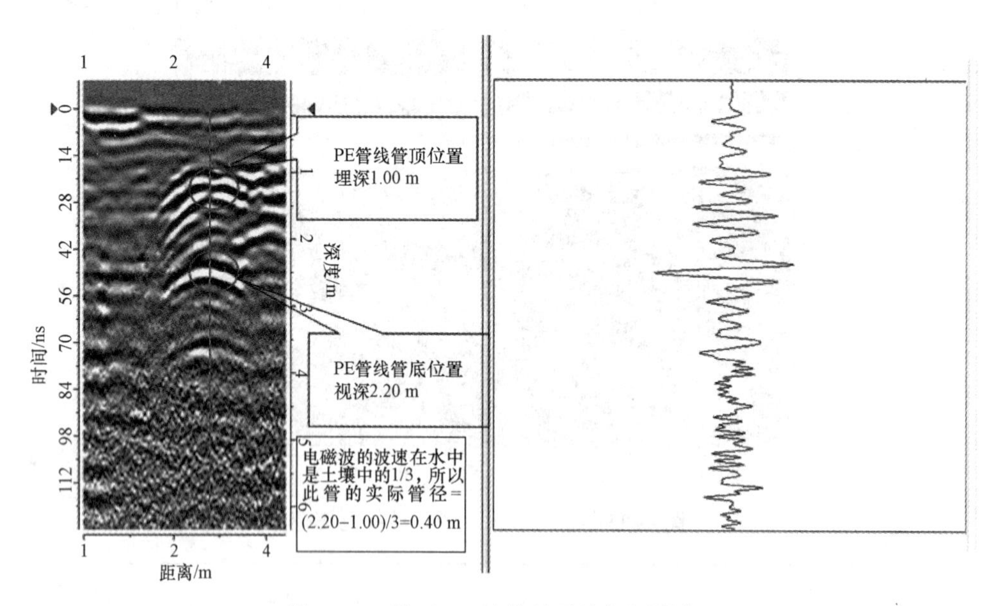

图 4–37　地下 PE 管线的雷达探测图像

当然，可以用来解决管线探测的物探方法还有许多，如磁法、电法、地震波、瑞瑞雷波等，由于设备自身的原因和环境的限制，基本不被采用。

4.3.5　提高信噪比和分辨率的几种方法

1. 减少一次场影响，突出管线二次场异常

在感应激发的条件下，一次场是使管线中产生感应电流的必备条件。然而，从频率域电磁法探测地下管线的原理来看，一次场又是管线电流所形成的电磁异常场的一种干扰因素。如果在管线探测仪所采集的数据中，管线电流磁场的贡献较小，而一次场所占的比重又较大，那么实测曲线就不可能与理论正演曲线有最佳的拟合，根据理论曲线的反演解释方法对实测曲线的解释结果也就不可能达到较高的精度。显然，这是由于信噪比不高引起的。因此，要想得到好的检测结果，不但要保持最佳收发距，减少一次场影响，还要想办法突出管线二次场异常。

首先，应增大发射线圈与管线回路、管线回路与接收线圈间的互感系数 M_{TD}、M_{DR}，并减小发射线圈与接收线圈间的互感系数及 M_{TR}。在主动源感应条件下，我们可以通过以下途径提高信噪比。

① 对于垂直线框（即 x 向水平磁偶极子）作场源的半定源工作装置而言，若其他条件不变，则当场源置于被测管线上方（最佳激发位置）时，M_{TD} 达到最大值，此时信噪比最高；当观测水平磁场分量 H_x 的接收线圈也位于管线上方时，M_{DR} 最大，H_x 曲线在管线上方的信噪比最高，而 H_x 曲线则在极值点处 M_{DR} 最大。

② 对于水平线框作场源的半定源工作装置来说，若其他条件不变，那么，当把场源置于被测管线左、右两侧，至管线距离 $|x|=h$ 处（最佳激发位置）时，M_{TD} 达到极值，从而有最高信噪比。此时，当观测磁场垂直分量 H_z 的接收线圈在横测线上也正好位于至管线距离 $|x|=h$ 的测点上时，M_{DR} 最大，H_z 曲线在该点有最高的信噪比，而 H_x 曲线则在 $x=0$ 处使 M_{DR} 最大。

③ 从理论上来看，M_{TR} 越小越好，减小 M_{TR} 的有效方法是增大收、发线圈间距。但是，当收、发线圈间距太大时，因管线电流的衰减加剧，导致接收信号太弱。因此，M_{TR} 的减小是有限度的。

④ 管线回路的频率特性因管径、材质、管线导电连通性、介质性质和场源频率而异。对于特定地区、特定管线来说，应通过现场试验确定合适的工作频率。

2. 压制地下介质的影响，突出管线电流的电磁异常

在地下介质干扰强烈的地区进行管线探测时，可采用以下措施提高信噪比。

① 选择最佳工作频率。由于地下管线、导电围岩或导电覆盖层以及埋藏在地下半空间的局部导电不均匀体都有其本身的频率特性，所以可采取改变场源频率的方法压制介质中产生的干扰，突出管线异常。

② 改变激发场的方向，使导电介质中涡流方向与被测管线延伸方向一致，从而改善金属管线的“集流”效应，增强管线电流，突出管线的电磁异常。

除了上述一次场和地下介质中感应电流产生的二次场对管线异常可能形成干扰以外，相邻平行管线之间的相互耦合、交叉干扰，应该说也是一个难点问题。平行相邻管线的存在使我们有时难以根据其异常曲线的形态特点对异常性质做出准确的判断，难以对组合的管线结构进行识别和分辨。所以，在多管密集地区进行探测时，必须把提高分辨率这一技术课题放在首位。然而应当指出，从信噪比的角度来看，在多管条件下，分辨率不高的主要原因是信噪比不高引起的。因此，许多提高分辨率的方法技术，从本质上讲，都是在提高信噪比。

3. 压制金属护栏（隔离带）干扰

为了确保安全，杜绝或减少交通事故，城市道路中普遍设置有金属护栏（或隔离带）。尽管金属护栏的结构形式千变万化，但却有其共同特点，即金属护栏与道路走向一致，且与大地水准面正交。金属护栏的存在，对附近地下管线（与护栏走向一致）异常往往构成强烈的电磁干扰，因为在对地下管线进行激发时，也使金属护栏中产生了感应电流，这种电流的磁场叠加在管线电流的磁场之上，导致了管线探测的困难。

考虑到地下管线回路与金属护栏都具有直立分布的特点，所以，用水平磁偶极子进行激发来探测地下管线是不利的。考虑到地下管线与金属护栏在空间水平方向上有一定距离，我们可以利用这一差异，将垂直磁偶极子置于金属护栏上方（条件具备时，最好将垂直磁偶极子放在金属护栏正下方水平地面上）进行激发，这种方法既可以压制金属护栏，使其不产生感应电流，又可以不影响对旁侧地下管线的探测，实现高信噪比的数据采集。

4.3.6　几种特殊管线的探测方法

1. 超深非金属管线探测方法——导向仪法

1）导向仪及其工作原理

在城市改造地下管线施工过程中，非开挖定向顶管布设的管线越来越多，而且埋深过大，远远超出了现在所使用管线仪的极限探测深度，就是探地雷达也无法解决，此时采用导向仪探测方法，效果是明显的。导向仪如图 4–38 所示。

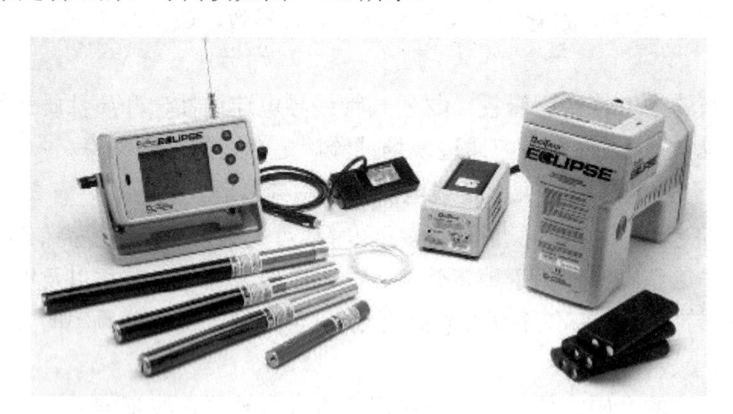

图 4–38　导向仪

导向仪的工作实质就是将有源的探棒（磁偶极子）置于所需探测的非金属管道内，在其周围空间产生一次交变磁场，由地面上的接收机接收该探棒产生的磁场水平分量，追踪一次场的地面分布，测定所设定物探点的埋深，并对探棒所处探测目标体的相对位置进行实地修正，提取管线点属性数据。

2）测量步骤

① 在穿越管线的两端出露处，同时穿入疏通棒（玻璃钢疏通线），并在疏通棒端固定钩和环套，并使二者挂接。

② 从一端拉出挂接部位，接上探棒，并使探棒处于工作状态。

③ 确定好初始位置，通知另一端拉动探棒，根据已有管线的曲率变化和工程精度要求，使探棒依次前进一定的距离（5 m、8 m 或 10 m）。

④ 接收机跟踪探棒的移动轨迹，于地面之上确定探棒所处的位置及其对应的埋深，如图 4–39 所示。

⑤ 根据穿孔的相对位置，修正整体管道（电力、通信类）的埋深和中心位置。

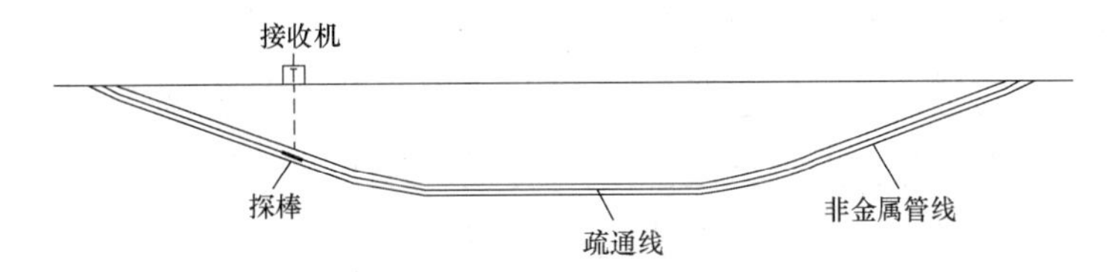

图 4–39　导向仪探测非金属管线示意图

图 4–40 是导向仪法探测电力管线的探测结果平面图示例。

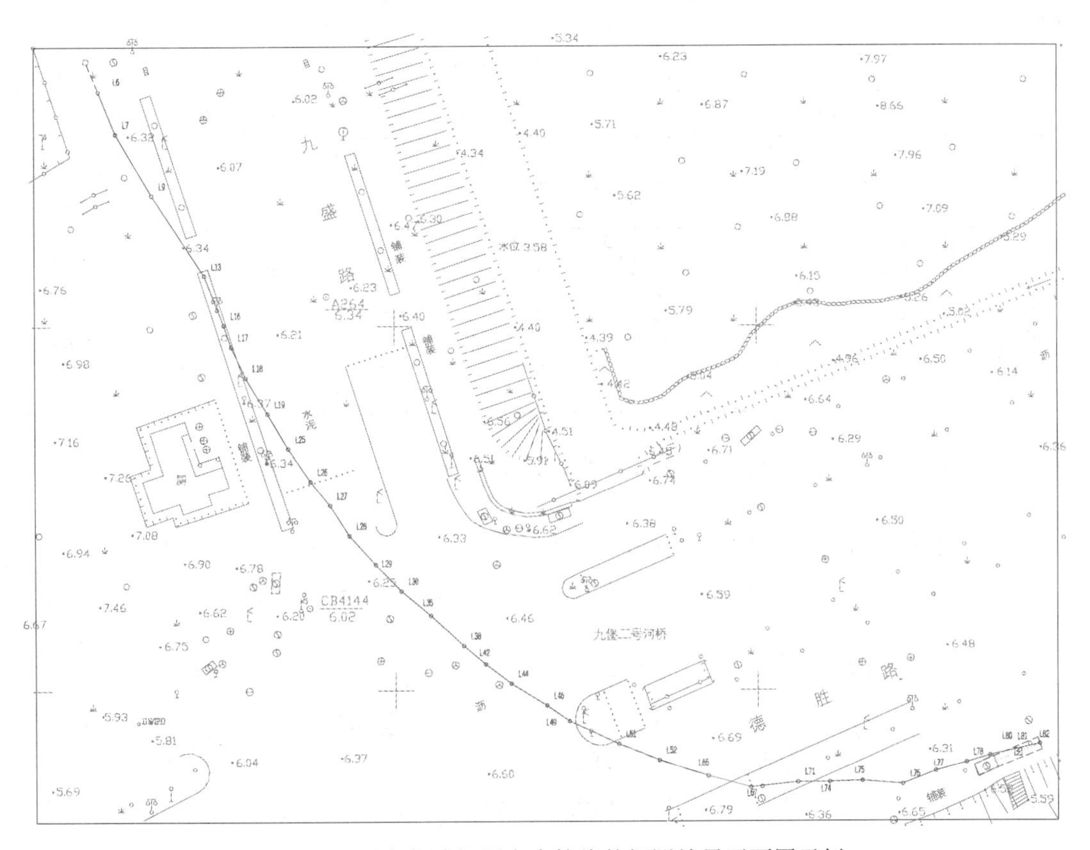

图 4–40　导向仪法探测电力管线的探测结果平面图示例

根据探测对象的不同，对调查的项目、属性、数据采集都有不同的定义和具体要求，那随之而来的成果格式也就不尽相同。与图 4–40 对应的电力管线探测成果表如表 4–4 所示。

表 4–4　电力管线探测成果表

管线点号		平面坐标/m		高程/m		埋深/m	断面尺寸/[（长/m）×（宽/m）]
图上点号	连接点号	X	Y	地面高程	管线高程		
L6	L7	xx732.122	yy059.259	6.14	4.44	1.70	1 200×600
L7	L6	xx726.379	yy061.638	6.28	2.88	3.40	1 200×600
L7	L9	xx726.379	yy061.638	6.28	2.88	3.40	1 200×600
L9	L7	xx717.961	yy066.637	6.23	0.33	5.90	1 200×600
L9	L13	xx717.961	yy066.637	6.23	0.33	5.90	1 200×600
L13	L9	xx706.906	yy073.864	6.51	–1.59	8.10	1 200×600
L13	L16	xx706.906	yy073.864	6.51	–1.59	8.10	1 200×600
L16	L13	xx700.169	yy076.520	6.52	–3.19	9.70	1 200×600
L16	L17	xx700.169	yy076.520	6.52	–3.19	9.70	1 200×600
⋮	⋮	⋮	⋮	⋮	⋮	⋮	⋮
L76	L75	xx637.161	yy170.483	6.27	0.07	6.20	1 200×600
L76	L77	xx637.161	yy170.483	6.27	0.07	6.20	1 200×600
L77	L76	xx638.926	yy175.046	6.24	0.64	5.60	1 200×600
L77	L78	xx638.926	yy175.046	6.24	0.64	5.60	1 200×600
L78	L77	xx640.080	yy179.355	6.20	1.40	4.80	1 200×600
L78	L80	xx640.080	yy179.355	6.20	1.40	4.80	1 200×600
L80	L78	xx641.018	yy182.773	6.34	3.44	2.90	1 200×600
L80	L82	xx641.018	yy182.773	6.34	3.44	2.90	1 200×600
L82	L80	xx642.564	yy1yy.778	6.34	3.44	2.90	1 200×600

注意：管线探测目的不同，管线探测成果表相应地也有不同的技术要求。

3）适用范围

① 导向仪法适用于非金属管线的探测。

② 对于埋深不同和所穿管线管径不同的情况，可以选择不同类型的探棒（12 m、24 m）。

③ 根据周围干扰程度不同，可采用单频或双频，以减小干扰，提高探测精度。

④ 所穿管线，其内应具备探棒的穿越空间。有空闲套管最好，如果没有空闲套管，可选孔内线缆条数少且不影响探棒通过的管孔。

⑤ 如果管孔内有淤积现象，可采用高压水枪或空气压缩机对孔内予以清理，保证畅通。

2. 封闭超深金属管线探测方法——观测剖面法

非开挖铺设金属管线施工技术的广泛应用，使得地下管线埋设得越来越深，如何准确探测这些管线的位置及深度，为后续工程设计和施工提供地下空间信息，逐渐成为一个难题。这些非正常埋设、超出一般深度的管线简称为超深管线。下面介绍封闭超深金属管线探测方法。

1）工作程序

（1）管线信号的激发

频率域地下管线的探测，实际探测的是线电流在空间形成的磁场，依据单一线电流空间磁场的形态特征判定电流的位置。既然探测的对象是电流，给目标管线加载足够的电流，就是探测的基础。对于超深金属管线，若没有足够强的电流，则在地面难以收到有效磁场，也就探测不到管线。

感应法激发地下管线产生电流，是常用、方便的方法，但不适用于超深金属管线的探测，一是容易激发旁侧其他管线或干扰体产生磁场信号；二是管线电流的大小与发射机至管线的距离的三次方成反比，若管线埋得太深，则很难激发目标管线产生较大电流。

对于电力及通信等电缆，可采用夹钳法施加信号。水平定向钻（HDD）施工的电缆一般都有套管，夹钳法效果不佳时可用柔性杆穿入金属导线，再对该金属导线用直接法施加信号。

探测热力、供水等金属管线时，通常找管线两侧的露头，对露头充入一定的电流，尽量采用双端充电，使电流强度在闭合回路内恒定，如图 4–41 所示。

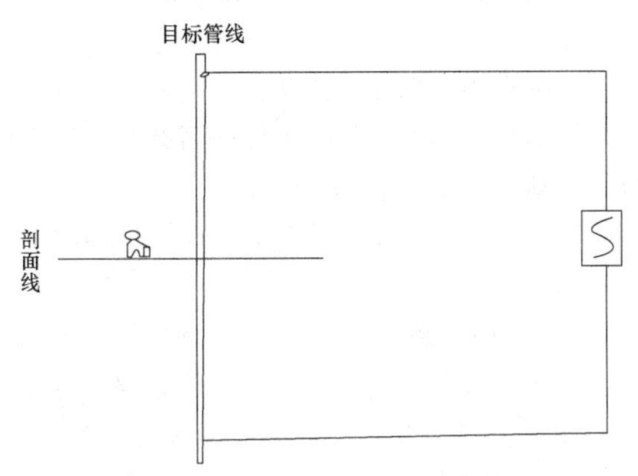

图 4–41　管线双端充电工作示意图

加大金属管线中的电流，是探测超深金属管线的基础条件。利用长导线，采用闭合回路给目标管线施加强信号，是超深金属管线探测的最可靠方法。回路导线的放置，应远远避开目标管线，以免其强大的磁场对探测区域产生影响。

（2）探测剖面的设置

超深金属管线的磁场变化是宽缓的，为细致地观察和分析该磁场的变化，有必要设置磁场探测剖面，并记录观测的磁场曲线，具体要求如下：

① 剖面位置尽量避开有干扰的地段，垂直于目标管道走向布置，长度应大于管线深度的 2 倍；

② 合理设置观测点距，一般 0.2～0.4 m；

③ 逐点观测磁场的场值，并记录。同一条数据，接收机增益应保持不变，而且数据不

溢出（不超出接收机的最大读数）。

注意：探测剖面是发现管线异常和取得管线完整异常的最好方法。

（3）工作频率的测试

受地电条件影响，并非所有频率都能收到稳定的磁场信号，对管线仪的各频率进行测试、对比，选择信号稳定的工作频率。一般来说，较高频率对管线具有较高的耦合能力，即容易“激发”管线产生电流（包括目标管线及旁侧管线），但信号的衰减也随之加快。低频信号对管线的耦合能力差，但信号衰减慢。超深金属管线的探测，一般低频效果好些。

（4）磁场曲线的处理

磁场数据一般为磁场水平分量。检查记录的磁场数据，会发现数据有一个由低逐步向高、又由高逐步向低的变化过程。磁场曲线的处理步骤如下：

① 先绘制曲线图，再对曲线进行圆滑处理，依据曲线的对称关系判定管线的平面位置；

② 计算特征点，量取特征点的距离，推断管线的深度；

③ 对数据进行正、反演解释，进一步提高探测精度。

（5）技术要点

① 超深金属管线的探测，首先要知道它的存在及大致位置，然后有针对性地施加管线信号。由于埋深较大，如果不能施加较大电流，在地面很难接收到有效信号。因此，如何给超深金属管线施加强大且稳定的电流，使其产生的磁场信号能从背景场及干扰场中凸显出来，是探测超深金属管线的第一步。

② 探测超深金属管线时，观测的磁场场值应选用基本场。

③ 管线埋得越深，磁场曲线越宽缓，设置观测剖面有利于发现管线异常，并可通过曲线的圆滑度、对称性来判断是否受到外界磁场的干扰。

④ 摒弃极大值法、特征点法，采用拟合反演来处理磁场曲线，依靠曲线的总体趋势来判定超深管线的平面位置和深度，其结果会更为准确。

⑤ 超深金属管线的探测，采用的不是单一技术，而是包含了信号激发技术、信号接收技术及信号分析技术。利用以上技术查明实际生产中遇到的超深金属管线，可为其他工程施工提供准确的信息，指导其设计工作，能为避免工程事故做出较大贡献。

⑥ 采用直接激发方式作业，必须在保证安全的情况下进行，要有必要的防护手段。

2）实际应用

工程案例 7：某市顶管电缆施工的探测

工程背景：2008 年，广东省某市排水系统工程拟顶管施工一条直径 2 000 mm 的排水管，但研究前期资料发现顶管路径上有多条水平定向钻（HDD）施工的已有电缆，对本工程施工形成障碍。需要确定该超深电缆的深度，以便排水管采取合理的方案进行避让。

探测方法：开启电缆井，利用夹钳法对电缆施加信号，32.8 kHz 收发频率，磁场信号稳定。记录磁场水平分量曲线并进行拟合反演，结果如图 4–42 所示。

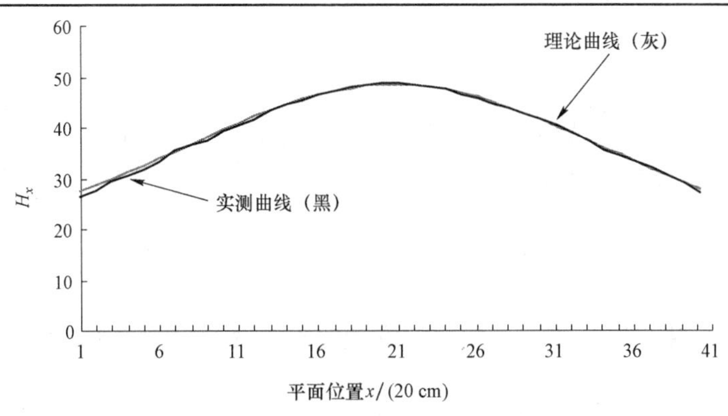

图 4–42　顶管电缆的磁场水平分量实测曲线及其反演拟合（x=415 cm、h=450 cm）

探测结果：实测曲线完整地显示了管线的异常，模型参数（平面位置 4.15 m、管线深度 4.50 m）计算的曲线很好地吻合了实测曲线，可以作为探测结果。

工程案例 8：广州市某路段钢材质管线的探测

工程背景：采用水平定向钻（HDD）非开挖技术从南向北穿越该路的一条已施工天然气管道（管径 730 mm），与设计中的大沙地污水处理系统一期工程厂外收集系统截污管在平面上交叉，深度上有冲突，需要查明天然气管道的准确位置及深度，为截污管的设计提供翔实资料。

探测方法：通过实地踏勘，发现在黄埔东路南北二侧，相距约 1 km 的地方，有两个该管道的阴极保护装置，于是利用大回路导线对长约 1 km 的天然气管道进行了充电探测。

在设计的截污管位置附近布置观测剖面一个，记录观测曲线。观测点点距 0.20 m，剖面长 16 m。

图 4–43 是感应法、单端充电法、双端充电法激发信号时记录的 H_x（磁场水平分量）曲线。感应法记录的曲线 A 不能发现该管道的存在；单端充电法记录的曲线 B（增益 60）隐约发现该管道；双端充电法记录的曲线 C（增益 46）明显显示该管道的存在。

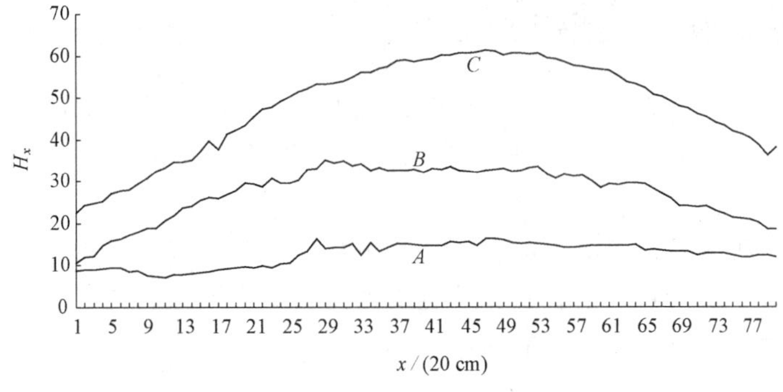

图 4–43　不同方式激发的 H_x 实测曲线

对图中的曲线 B、C 进行拟合反演，拟合结果如图 4–44 所示。可见 B 线与理论曲线“一致性”差，得出的结果精度不高，而 C 线与理论曲线“一致性”较好，反映该天然气管道的平面位置在剖面的 9.3 m 处，中心深度为 8.3 m。

探测成果：该处地面标高 8.60 m。参考此数据，对截污管进行了重新设计，已于 2009 年施工完成。

提示：在这种超深管线的探测中，有效施加管线信号是探测成功与否的关键。

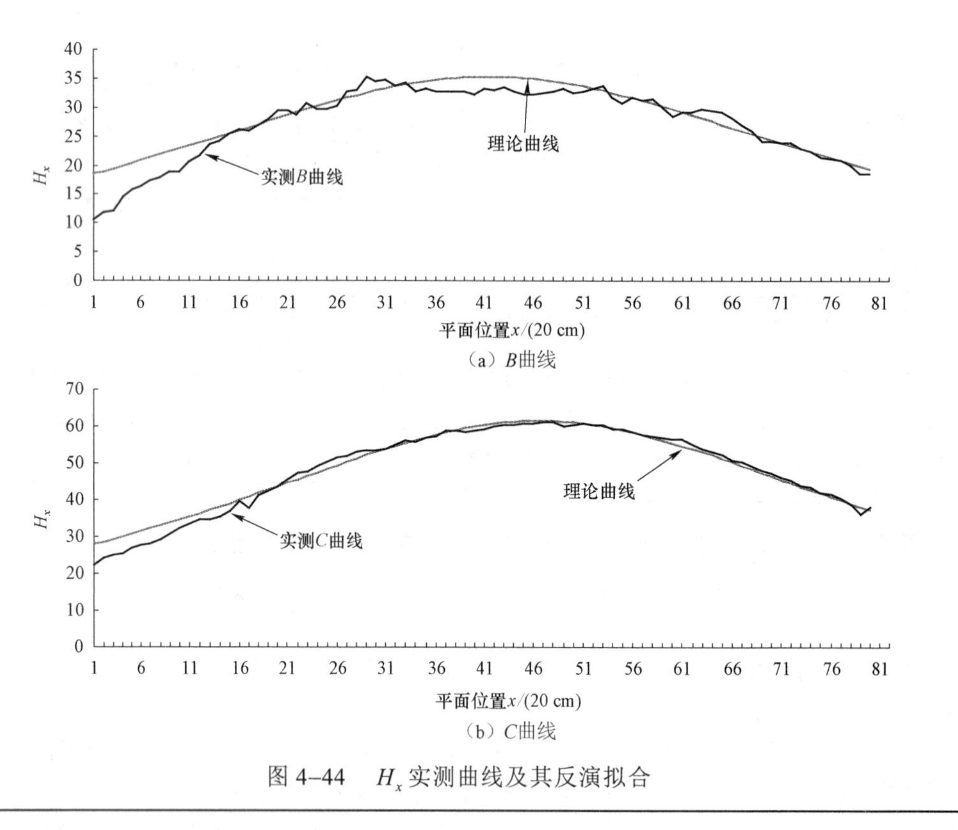

图 4–44　H_x 实测曲线及其反演拟合

工程案例 9：超深管线的探测

工程背景：初步了解，天然气管道直径 660 mm，埋深超过 10 m。根据现场踏勘，该管道在牵引施工的二端有阴极保护测试桩，相距约 1.0 km，上有导线连接天然气管道。

探测方法：利用闭合回路施加大电流，回路导线避开需要探测的天然气管道。采用汽车电源给信号发射机供电，以保持观测期间回路内电源恒定。

信号发射机采用 RD4000（T10），信号接收机采用 RD4000RX，记录磁场水平分量。

经测试，8 kHz 频率能收到较稳定的磁场信号，遂采用 8 kHz 工作频率。

按道路里程约 20 m 布置探测剖面，观测点距 0.2 m。

图 4–45 为道路 K17+960 处的一条磁场曲线，虚线为实测曲线，实线为其正演拟合曲线，拟合效果很好，参数为 x=660 cm（即剖面 6.6 m，33 号测点），h=1 480 cm（即 14.8 m 深）。

探测成果： 该工程项目共记录剖面 23 条，确定 23 个管线点，将管道的平面位置缩小在 4 m 范围内，极大地方便了路基加固工程的设计与施工（探测位置的左右 2 m 范围采用板块加固地基，其他范围采用碎石桩）。

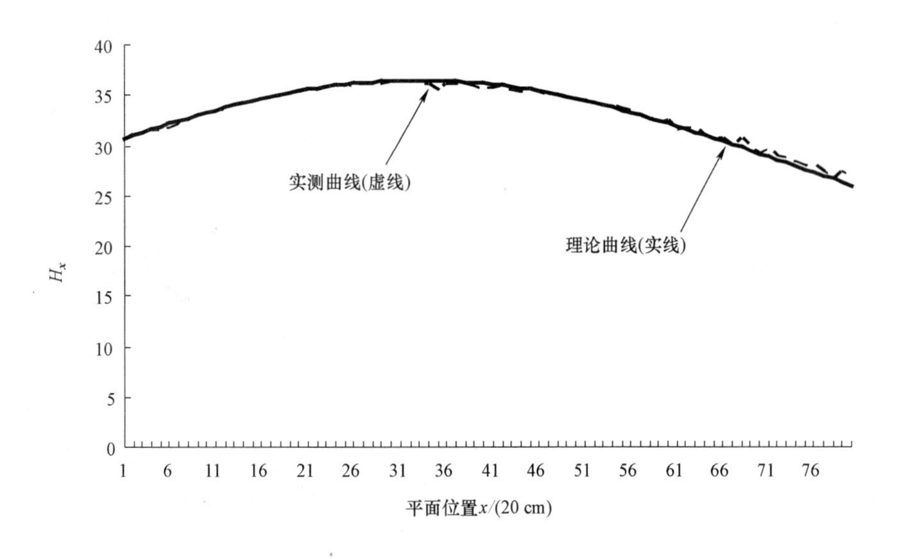

图 4–45 道路 K17+960 处天然气管道磁场实测曲线及其正演拟合

3. 超深金属管线探测方法——FDEM 法

1）探测方式的选择

频率域电磁法（FDEM）的工作原理是：在地面上探测交变电磁场，通过观测电磁场的水平分量 H_x 或 ΔH_x 来确定地下管线分布。水平分量 H_x 的极大值 H_x^{max} 与管线的埋深成反比；ΔH_x 的极大值 ΔH_x^{max} 与管线的埋深平方成反比。显然，对于大埋深管线探测，观测 H_x 更有利、更实用。而 ΔH_x 对大埋深管线的探测就显得无能为力了，不是异常不明显，就无异常出现。

2）目标管线电流的加载

由于发射线圈与地下管线存在互感作用，感应电流的大小与二者之间的空间关系密切相关，又因感应电流与发射线圈产生的磁矩成正比关系，所以单匝线圈面积与产生的磁矩成正比。

选择地势相对平坦的地方，布置一矩形水平回路线圈（如 100 m×50 m），使其长边与目标管线平行（如图 4–46 所示）。因水平回路远离探测区，且接收线圈与发射线圈成正交关系，所以不会产生影响。

3）成果的处理

借助计算机，对实测曲线进行拟合反演，不断改变管线的各参数，使得正演曲线趋近实际探测曲线。在一定情况下，可认为该正演曲线的参数即为探测结果。由于该方法的运用要有实际场值曲线，因此必须设置观测剖面并记录观测的场值数据。

4. 超深金属管线探测方法——陀螺仪法

1）工作原理

陀螺仪对于超深管线的定位，其实就是利用物体惯性进行惯性轨迹测量，理论基础是牛顿第一运动定律和角动量守恒定律，其定位原理如图 4–47 所示。图中，$\boldsymbol{F}$ 代表旋转系统中的力，$\boldsymbol{\tau}$ 代表转矩，$\boldsymbol{P}$ 代表动量，$\boldsymbol{r}$ 为力臂。

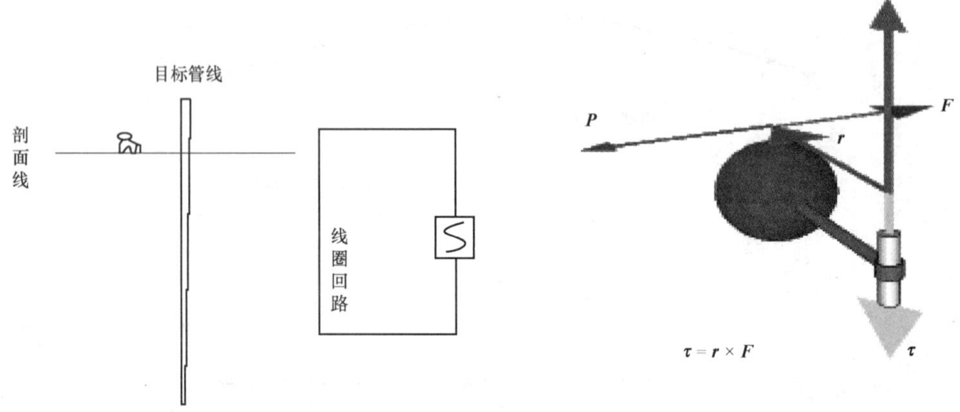

图 4–46　FDEM 法工作示意图　　　　图 4–47　陀螺仪定位原理

2）设备主要部件

陀螺仪的主要部件如图 4–48～图 4–50 所示。

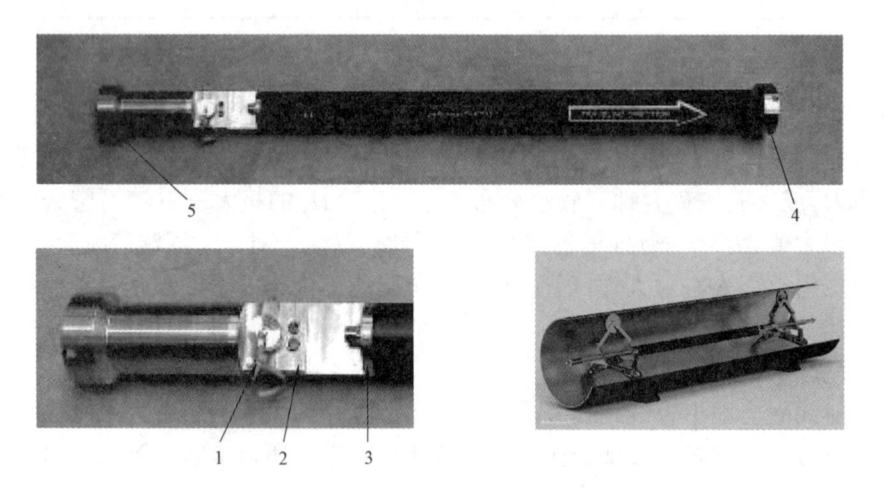

1—结合数据与电源的端口；2—LED 模式指示灯；3—里程资料的端口；4—前面轮组连接处；5—后面轮组（里程计）连接处。

图 4–48　惯性定位仪（OMU）

图 4–49　控制器

图 4–50　计算机

3）惯性定位测量及特点

惯性定位测量工作示意图如图 4–51 所示。

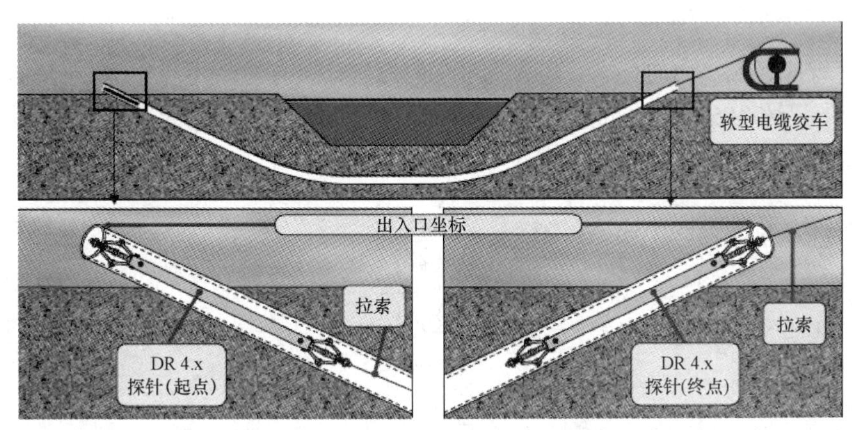

图 4–51　惯性定位测量工作示意图

惯性定位测量技术具有以下特点：

① 采用陀螺仪三维精确定位技术，将陀螺仪原理与计算机三维技术整合在一起，综合利用陀螺仪导航技术、重力场、计算机矢量计算等交差学科原理，自动生成基于 *X*、*Y*、*Z* 三维坐标的地下管线空间位置曲线图；

② 此项技术不再受管道材质、管线埋深、周围环境地质条件以及任何电磁干扰影响，不会因为电磁场的响应而影响定位精度；

③ 除了出入口数据，轨迹数据均由惯性定位仪自行计算获取，消除人为误差因素。

4.4　探测精度要求及评定

根据中华人民共和国行业标准《城市地下管线探测技术规程》的相关规定，地下管线探测成果精度应符合以下要求。

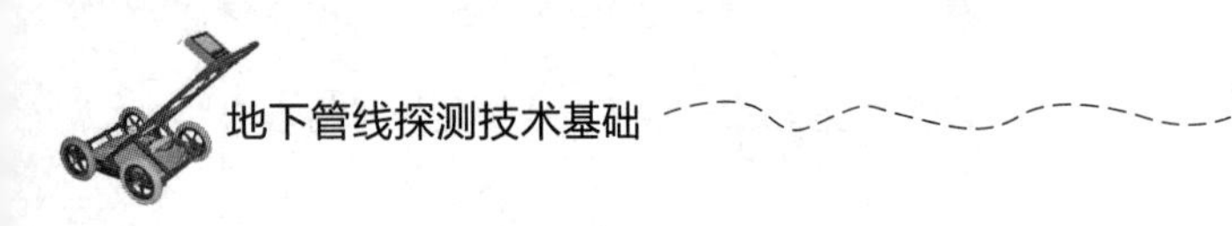

4.4.1　物探精度要求

1. 明显管线点探测精度

管线埋深 5 m 时，埋深中误差≤±2.5 cm；管线埋深≥5 m 时，埋深中误差≤±5 cm。

2. 隐蔽管线点探测精度

隐蔽管线点探测精度按照表 4–5 执行。

表 4–5　隐蔽管线点探测精度限差表

水平位置限差/cm	埋深限差/cm	埋深/m
10	15	≤1.00
±0.1h	±0.15h	>1.00

注：h 为地面到管线中心的深度，即管线埋深，单位为 m。

4.4.2　物探精度评定

质量检查应遵循“均匀分布、随机抽样”的原则，进行总量不少于 3%～5%的同精度仪器重复探测检查和 0.5%～1%的开挖检查；明显点要进行 3%～5%的开盖（井）量测检查，并按下列公式进行精度统计计算（单位：cm）：

明显管线点量测埋深中误差：$M_{td}=\pm\sqrt{\dfrac{\sum\Delta d_{ti}^2}{2n_2}}$

隐蔽管线点平面位置中误差：$M_{ts}=\pm\sqrt{\dfrac{\sum\Delta s_{ti}^2}{2n_1}}$

隐蔽管线点埋深中误差：$M_{th}=\pm\sqrt{\dfrac{\sum\Delta h_{ti}^2}{2n_1}}$

隐蔽管线点平面位置限差：$\delta_{ts}=\dfrac{0.10}{n_1}\sum_{i=1}^{n_1}h_i$

隐蔽管线点埋深限差：$\delta_{th}=\dfrac{0.15}{n_1}\sum_{i=1}^{n_1}h_i$

式中：Δs_{ti}——隐蔽管线点平面位置偏差；

Δh_{ti}——隐蔽管线点埋深偏差；

Δd_{ti}——明显管线点埋深偏差；

n_1——隐蔽管线点检查点数；

n_2——明显管线点检查点数；

h_i——第 i 检查点管线中心埋深，当埋深不超过 100 cm 时，取 100 cm。

对于隐蔽管线点，必须进行开挖验证，并符合下列规定：每一个工区应在隐蔽管线点中均匀分布，随机抽取不应少于隐蔽管线点总数的 0.5%～1%且不少于 3 个点进行开挖验证。

习题与思考 4

（1）简述地下管线探测的程序和原则。

（2）分述各探测方法的工作程序和应用条件。

（3）简述管线点的定位、定深方法。

（4）掌握各种探测方法的实际应用，并简述各种常用方法的操作步骤。

（5）如何提高地下管线探测仪的“信噪比”？

（6）简述超深管线探测理论基础和作业布置。

（7）简述电磁探测法工作步骤。

（8）剖析管线探测的基本工作方法及使用范围。

（9）电磁探测法使用的条件是什么？

第 5 章　地下管线测量

教学目标

（1）了解地下管线测量的基本内容。

（2）掌握地下管线探测项目实施过程中控制测量、已有地下管线测量、新建管线定线测量与竣工测量的方法及其精度要求。

地下管线测量是地下管线探测项目中重要的环节之一，包括控制测量、已有地下管线测量、新建管线定线测量与竣工测量、管线图测绘和测量成果的检查验收等。

地下管线测量前，应搜集测区已有的控制资料和地形资料，对缺少已有控制点和地形图的地区，应进行基本控制网的建立和地形图施测工作，以及对已有资料的检测和修测工作，应按现行的《城市测量规范》（CJJ/T 8—2011）或《卫星定位城市测量技术标准》（CJJ/T 73—2019）的规定进行。

地下管线的平面位置测量应采用解析法或 GNSS–RTK 法进行，地下管线的高程测量宜采用水准测量方法，亦可采用电磁波三角高程测量。

各项测量所使用的仪器设备，必须经过检验和校正。其检校及观测值的改正，应按现行的《城市测量规范》的有关规定执行。

5.1　控制测量

地下管线控制测量分为平面控制测量和高程控制测量，主要是指为进行管线点联测及相关地物、地形测量而建立的等级和图根控制，具有控制全局、提供基准和控制测量误差积累的作用。所有控制点是测量地下管线点和地物点的依据，控制测量要求必须采用本城市统一的平面坐标系统和高程系统。

5.1.1　平面控制测量

平面控制测量是在城市等级控制网的基础上进行加密，传统的平面控制通常采用三角网测量、导线网测量和交会测量等常规测量方法进行。随着现代数字测绘技术的发展，电子测角、电磁波测距和全球导航卫星系统（GNSS）技术已成为建立平面控制的主要方法。现在很多地方直接采用网络 RTK 技术得到测站点的坐标，而不再需要做平面控制测量。

1. 电磁波测距导线（网）

1）主要技术要求

电磁波测距导线是以城市各等级控制为基础的，沿管线点以串测的形式布设。其最弱点点位中误差应小于或等于 5 cm。电磁波测距导线的主要技术要求应符合表 5–1 中的有关规定。

表 5–1 电磁波测距导线的主要技术要求

等级	导线长度/km	平均边长/m	测角中误差/（″）	测距中误差/m	测回数		方位角闭合差/（″）	相对闭合差	备注
					DJ_2	DJ_6			
一	3.6	300	±5	±15	2	4	$\pm 10\sqrt{L}$	1/14 000	L 为测站数，DJ_2、DJ_6 为经纬仪型号
二	2.4	200	±8	±15	1	3	$\pm 16\sqrt{L}$	1/10 000	
三	1.5	120	±12	±15	1	2	$\pm 24\sqrt{L}$	1/6 000	
图根	0.9	80	±20	±15		1	$\pm 40\sqrt{L}$	1/4 000	

注：① 一、二、三级导线的布设可根据高级控制点的密度、道路曲折、地物疏密等具体条件，选用两个级别；

② 导线网中结点与高级点间，或结点间的导线长度不应大于附合导线规定长度的 0.7 倍；

③ 当附合导线长度短于规定长度的 1/3 时，导线全长的绝对闭合差不应大于 13 cm；

④ 光电测距导线的总长和平均边长可放长至规定长度的 1.5 倍，但其绝对闭合差不应大于 26 cm，当附合导线的边数超过 12 条时，其测角精度应提高一个等级。

2）作业步骤

（1）选点埋石

选点是一件十分重要的工作，各级导线和图根导线主要沿道路敷设，选点时主要考虑施测方便、易于保存和利于提高精度，应符合下列要求：

① 相邻点之间应通视良好，点位之间视线超越（或旁离）障碍物的高度（或距离）应大于 0.5 m；

② 点位应选设在土质坚实、利于加密和扩展的十字路口、丁字路口、工矿企业入口、人行道上或其他开阔地段；

③ 不会严重影响交通或因交通而影响测量工作；

④ 便于地形测量和管线点测量使用；

⑤ 尽量避开地下管线，防止埋设标石时破坏地下管线，或埋设标石后因管线施工而导致标石被破坏；

⑥ 尽量利用原有符合要求的标志（点位）。

一、二、三级导线点的标石要按要求编号，标石形式可以不同，但要求结构牢固、造型稳定、利于长期保存、便于使用。标石一般用混凝土预制而成，顶面中心浇埋标志。图根点标志可根据需要自行设计选用。

标石规格和埋设深度参见《城市测量规范》，各级导线点均要绘制“点之记”。

（2）外业观测

导线观测使用相应等级的全站仪，在通视良好、成像清晰时进行，测前应做以下各项检校工作：

① 照准部旋转正确性的检验；

② 水平轴不垂直于垂直轴之差的测定；

③ 垂直微动螺旋使用正确性的检验；

④ 照准部旋转时，仪器底座位移产生的系统误差的检验；

⑤ 光学对中器的检验和校正。

为了提高测量精度，宜采用三联脚架法测量水平角和边长，其主要技术要求见表 5–2、表 5–3。

表 5–2 水平角方向观测法的主要技术要求

经纬仪型号	半测回归零差/（″）	一测回内 2C 互差/（″）	同一方向值各测回较差/（″）
DJ_2	8	13	9
DJ_6	18	—	24

表 5–3 电磁波测距的主要技术要求

测距仪精度等级	导线等级	总测回数	一测回读数较差/mm	单程测回较差/mm	往返较差
Ⅱ级	一级	2	5	7	$2(a+bD)$
	二、三级	1	≤10	≤15	
	图根	1	≤10	≤15	

注：a 为测距固定误差，单位为 mm；b 为测距比例误差，单位为 10^{-6}；D 为水平距离，km。

导线测量宜采用电子手簿记录，要按规定格式打印并装订成册。用手工记录时，应现场用铅笔记录在规定格式的外业手簿中，字迹要清楚、整齐、美观、齐全，数据尾数不得涂改，但允许划改，原始观测数据不得转抄。手簿的各记事项目，每一站或每一观测时间段的首末页都必须记载清楚，填写齐全。

（3）平差计算

外业手簿须经二级检查，核对无误后方能进行内业计算。测距边长应根据导线等级进行倾斜改正、气象改正、加乘常数改正、高程归化和长度改化等项改正计算。平面导线（网）应采用经鉴定合格的平差软件进行严密平差。

2. GNSS 平面控制测量

随着空间技术的发展，以卫星为基础的 GNSS，使 GNSS 技术成为最新的空间定位技术。该系统具有全球性、全天候、高效率、多功能、高精度的特点，用于大地点定位时，测站间无须互相通视、无须造标，不受天气影响，同时可获取三维坐标。GNSS 技术的应用，使传统的控制测量的布网方法、作业手段和内外业作业程序发生了根本性的变革，为测量工作提供了一种崭新的技术手段和方法。

采用 GNSS 技术进行地下管线平面控制，可采用静态、快速静态或动态定位方法布设成网，其作业方法和数据处理按《卫星定位城市测量技术标准》（CJJ/T 73—2019）中的有关规定执行。

管线平面控制的发展方向是采用城市网络差分和网络 RTK 技术，只需要用一台 GNSS 接收机，即可获得地面上任意一测站点的平面坐标，不需要布设控制网就可进行管线点测量和管线图的数字测绘。在城市地区，主要通过 GNSS 技术与全站仪技术相结合来实现。

1）主要技术要求

GNSS 控制测量的主要技术要求如表 5–4 所示。

表 5–4　GNSS 控制测量的主要技术要求

等级	平均点距/km	最弱边相对中误差	闭合环或附合导线边数	观测方法	卫星高度角/（″）	有效卫星观测数	平均重复设站数	观测时间/min	数据采样间隔/s
四等	2	1/45 000	≤10	静态	≥15	≥4	≥1.6	≥45	10～60
				快速静态		≥5		≥15	
一级	1.0	1/20 000	≤10	静态	≥15	≥4	≥1.6	≥45	10～60
				快速静态		≥5		≥15	
二级	≤1.0	1/10 000	≤10	静态	≥15	≥4	≥1.6	≥45	10～60
				快速静态		≥5		≥15	

注：① 当采用双频机进行快速静态观测时，时间长度可缩短为 10 min；
② 边长小于 200 m 时，边长中误差应小于 20 mm；
③ 各等级的点位几何强度因子 PDOP 值应小于 6。

2）作业步骤

（1）选点

为保证对卫星的连续跟踪观测和卫星信号的质量，测站上空应尽量开阔，在 10°～15° 高度角以上不能有成片的障碍物。

为减少电磁波对 GNSS 卫星信号的干扰，在测站周围约 200 m 范围内不能有强电磁波干扰源，如大功率无线电发射设施、高压输电线等。

为减少多路径效应的发生，测站应远离对电磁波信号反射强烈的地形、地物，如高层建筑、成片水域等。为便于观测和以后使用，测站应选在交通便利和易于保存的地方。

（2）布网原则

GNSS 网相邻点间不要求全部通视，为便于常规测量方法加密控制点的应用，每个控制点应有一个以上通视方向。GNSS 网可以由一个或若干个独立观测环构成，也可以采用附合路线形式，各独立观测环或附合路线的边数应符合《卫星定位城市测量技术标准》（CJJ/T 73—2019）的相关规定。

布设 GNSS 网时，应与附近的国家或城市控制网点联测，联测点数不得少于 3 个，并均匀分布于测区中。当测区较大或改建城市原有控制网时，还应适当增加重合点数，以便取得可靠的坐标转换参数。

（3）外业观测

GNSS 测量各等级作业的基本技术要求见表 5–5。GNSS 接收机的选用见表 5–6。外业观测应制定外业观测表，主要包括同步环测量时间、搬站时间、每一个同步环里各接收机所在的控制点名以及车辆等的安排调度等内容。

表 5–5　GNSS 测量各等级作业的基本技术要求

项目	观测方法	等级				
		二等	三等	四等	一级	二级
卫星高度角/（°）	静态	≥15	≥15	≥15	≥15	≥15
	快速静态					
有效观测同类卫星数	静态	≥4	≥4	≥4	≥4	≥4
	快速静态	—	≥5	≥5	≥5	≥5
平均重复设站数	静态	≥2	≥2	≥2	≥1.6	≥1.6
	快速静态	—	≥2	≥2	≥1.6	≥1.6
时段长度/min	静态	≥90	≥60	≥60	≥45	≥45
	快速静态	—	≥20	≥20	≥15	≥15
数据采样间隔/s	静态	10～60	10～60	10～60	10～60	10～60

表 5–6　GNSS 接收机的选用

项目	等级				
	二等	三等	四等	一级	二级
接收机类型	双频	双频	双频或单频	双频或单频	双频或单频
标称精度	≤(5 mm+2×$10^{-6}d$)	≤(5 mm+2×$10^{-6}d$)	≤(10 mm+2×$10^{-6}d$)	≤(10 mm+5×$10^{-6}d$)	≤(10 mm+5×$10^{-6}d$)
观测量	载波相位	载波相位	载波相位	载波相位	载波相位
同步观测接收机数	≥4	≥4	≥3	≥3	≥3

注：d 为测量基线长度，km。

各等级 GNSS 测量作业应严格按照《城市测量规范》和《卫星定位城市测量技术标准》的有关要求进行，仪器要严格对中整平，认真量取并记录天线高度，随时检查接收机的工作状态，开关机时间要服从统一安排。

（4）内业数据处理

GNSS 测量数据内业处理主要包括数据加载、数据预处理和基线向量解算、网平差、高程计算、成果输出等。

数据加载包括数据传输和数据分流，由随机软件自动完成，形成观测值文件、星历文件和测站控制信息文件等。

数据预处理包括卫星轨道方程的标准化、时钟多项式拟合、整周跳变探测与修复、观测值的标准化等，预处理和基线向量解算一般由厂家提供的随机软件一并完成，其中基线向量解算可以通过人工干预做精细处理。

网平差包括提供在 WGS–84 坐标系下的三维无约束平差成果和所在城市坐标系下的二维约束平差成果，可用随机软件或商品化 GNSS 网平差软件进行。

3）数据检验要求

数据检验应符合下列要求：

① 同一时段观测的数据采用率宜大于 80%；

② 预处理复测基线的长度较差 d_s 应符合式（5–1）的规定：

$$d_s \leqslant 2\sqrt{2}\sigma \tag{5-1}$$

式中：σ——相应级别规定的精度（按该级别固定误差、比例误差及实际平均边长计算的标准差，以下各式同），mm；

③ GNSS 网中任何一个三边构成的同步环闭合差（W_x、W_y、W_z）应符合式（5–2）的规定：

$$\left.\begin{aligned} W_x &\leqslant \sqrt{3}\sigma/5 \\ W_y &\leqslant \sqrt{3}\sigma/5 \\ W_z &\leqslant \sqrt{3}\sigma/5 \end{aligned}\right\} \tag{5-2}$$

④ GNSS 网外业基线预处理结果，其独立异步环或附合线路坐标闭合差应符合式（5–3）的规定：

$$\left.\begin{aligned} W_x &\leqslant 2\sqrt{n}\sigma \\ W_y &\leqslant 2\sqrt{n}\sigma \\ W_z &\leqslant 2\sqrt{n}\sigma \\ W_s &\leqslant 2\sqrt{3n}\sigma \\ W_s &\leqslant \sqrt{W_x^2+W_y^2+W_z^2} \end{aligned}\right\} \tag{5-3}$$

式中：n——闭合环边数；

W_s——环闭合差。

4）平差计算要求

（1）对无约束平差的要求

① 基线向量检核符合要求后，应以三维基线向量及其相应方差–协方差阵作为观测信息，把每一个点的地心坐标系三维坐标作为起算依据，进行 GNSS 网的无约束平差。

② 无约束平差应提供各点在地心坐标系下的三维坐标、各基线向量、改正数和精度信息。

③ 无约束平差中，基线分量的改正数绝对值（$V_{\Delta x}$、$V_{\Delta y}$、$V_{\Delta z}$）应符合式（5–4）的要求：

$$\left.\begin{aligned} V_{\Delta x} &\leqslant 3\sigma \\ V_{\Delta y} &\leqslant 3\sigma \\ V_{\Delta z} &\leqslant 3\sigma \end{aligned}\right\} \tag{5-4}$$

（2）对约束平差的要求

① 可选择地心坐标系、国家坐标系或地方坐标系，对无约束平差后的观测值进行三维

约束平差或二维约束平差。平差中，可对已知点坐标、已知距离和已知方位进行强制约束或加权约束。

② 约束平差中，基线分量的改正数与经过粗差剔除后的无约束平差结果的同一基线相应改正数较差的绝对值（$dV_{\Delta x}$、$dV_{\Delta y}$、$dV_{\Delta z}$）应符合式（5–5）的要求：

$$\left.\begin{aligned} dV_{\Delta x} \leqslant 2\sigma \\ dV_{\Delta y} \leqslant 2\sigma \\ dV_{\Delta z} \leqslant 2\sigma \end{aligned}\right\} \tag{5–5}$$

③ 当平差软件不能输出基线向量改正数时，应进行不少于 2 个已知点的部分约束平差，在部分约束平差结果中未作为约束的已知点的坐标与原坐标的点位较差不大于 5 cm。

（3）其他要求

方位角取值至 0.1″，坐标和边长取值至 mm。

5.1.2 高程控制测量

地下管线高程控制测量主要有水准测量方法、电磁波测距三角高程测量方法和 GNSS 高程测量方法。高程控制测量应起算于等级高程点，精度一般为四等或四等以上。电磁波测距三角高程导线，采用对向观测或中间设站观测，可以替代四等及四等以下水准测量。水准测量路线布设形式主要是附合路线、结点网和闭合环，只有在特殊情况下才允许布设水准支线。

1. 主要技术要求

高程控制测量主要技术要求参见表 5–7～表 5–9。

表 5–7 水准测量的主要技术要求

等级	每公里高差中数的中误差/mm		附合路线或环线闭合差/mm	检测已测测段高差之差	备注
	全中误差 M_w	偶然中误差 M_Δ			
四等	±10	±5	$\pm 20\sqrt{L}$	$\leqslant 30\sqrt{L}$	L 为附合路线或环线的长度，或已测测段的长度，均以 km 计
图根	±20	±10	$\pm 40\sqrt{L}$	$\leqslant 60\sqrt{L}$	

表 5–8 电磁波测距三角高程测量的主要技术要求

项目	线路长度/km	测距长度/m	高程闭合差/mm	备注
限差	4	100	$\pm 10\sqrt{n}$	n 为测站数

表 5–9 垂直角观测的主要技术要求

等级		测回数	指标差	垂直角互差
一次附合	DJ_2	1	15″	
	DJ_6	2	25″	25″
二次附合	DJ_6	1	25″	

2. 作业方法

一、二、三级导线点的高程，一般采用四等水准测量方法获得，也可采用光电测距三角高程测量方法获得。

1）四等水准测量

（1）测前工作

四等水准测量可沿城市道路、河流布设，也可沿城市各等级导线布设，但要尽可能避免跨越沼泽、山谷或水域等障碍。水准点应选在土质坚实、稳定、安全且便于施测、寻找和长期保存的地方。其埋石规格按照《城市测量规范》的有关规定执行。点位埋设后应绘制点之记。四等水准一般采用 DS_3 型水准仪和木质双面水准尺，作业前应对水准仪和水准尺进行检验校正。

（2）外业观测

可采用中丝读数法。当水准路线为附合路线或闭合路线时，可只进行单程观测。水准仪至标尺的距离不宜超过 100 m，前后视距离宜相等。路线闭合差不得超过 $\pm 40\sqrt{L}$（mm）（L 为路线长度，km）。图根水准观测应使用不低于 DS_{10} 型水准仪和普通水准尺，按中丝读数法单程观测（支线应往返测），估读至 mm。

（3）数据处理

通常按照下列步骤进行数据处理：

① 按照规范要求对外业观测成果进行检查，确保无误并符合有关限差要求；

② 进行各项改正计算，得到消除系统误差后的观测高差；

③ 评定观测精度，计算附合路线闭合差、往返测不符值，进而计算每千米高差中数的偶然中误差和全中误差；

④ 平差计算，得到各待定点平差后的高程、高差和高程的中误差。四等水准网可采用等权代替法、逐渐趋近法以及多边形法等方法进行，但最好采用通用的网平差软件进行。对单附合或闭合水准、图根水准，可采用简易法平差，但最好都采用通用的网平差软件进行严密平差。平差时高程计算至 mm。

2）电磁波测距三角高程测量

四等电磁波测距三角高程测量一般按高程导线形式布设，高程导线边长不超过 1 km，边数不超过 6 条，当边长短于 0.5 km 时，边数可适当增加。边长采用不低于Ⅱ级测距仪往返观测，各观测 2 测回。垂直角可用 DJ_2 型经纬仪对向观测，采用中丝法观测 3 测回，或采用三丝法观测 1 测回。四等以下的边长可单程观测，观测 2 测回，垂直角采用中丝法观测 1 测回。

5.2 已有地下管线测量

已有地下管线测量实际上是对已有地下管线的整理测量，即管线普查测量。测量内容包括管线两侧与邻近第一排建（构）筑物轮廓线之间的地形地物测量（称带状地形图测量）和地下管线点连测。进行带状地形图测量，主要是为了保证地下管线与邻近地物有准确的参照关系，当测区没有相应比例尺地形图或现有地形图不能满足管线图的要求时，应采用数字测图技术，根据需要施测带状地形图。

5.2.1 管线点测量

在管线调查或探测工作中设立的管线测点统称为管线点。一般要在地面设置明显标志，采用物探技术实施探测时要编写物探点号。管线点测量是指对管线点标志做平面位置和高程连测，计算管线点的坐标和高程等。

1. 管线点位置的确定

管线点分为明显管线点和隐蔽管线点两类。明显管线点一般是地面上的管线附属设施的几何中心，如窨井（包括检查井、检修井、闸门井、阀门井、仪表井、人孔和手孔等）井盖中心、管线出入点（上杆、下杆）、电信接线箱、消防栓栓顶等；隐蔽管线点一般是地下管线或地下附属设施在地面上的投影位置，如变径点、变坡点、变深点、变材点、三通点、直线段端点以及曲线段加点等。管线点位置应根据管线的结构确定，一般可分为以下几种类型：

① 分支管线点，取各分支管轴线的交点；

② 弧形管线点，取圆弧中轴线上起、中、终三点，如果圆弧长度较长，应适当增加点数，以便能够准确表示弧形；

③ 井室地物点，即用符号标示的各类井形状（方形、圆形）管线设施，将实地井室的轮廓形状表示在图面，并存入数据库；

④ 变径点，即管线的截面尺寸变化之处；

⑤ 管沟（道），分依比例尺和不依比例尺两种情况，依比例尺时应在管沟（道）两侧各取一点，不依比例尺时应在管沟（道）主轴线上取点；

⑥ 直线段中没有特征点的点位，应按照《城市地下管线探测技术规程》的规定，在管线主轴线上定位。

2. 管线点测量的基本方法和要求

1）管线点平面位置测量

管线点平面位置测量主要有全站仪极坐标法、GNSS RTK 测量法和导线串连法等。

（1）全站仪极坐标法

全站仪极坐标法是目前普遍采用的方法，可同时测得管线点坐标和高程，如采用 DJ_6、DJ_2 型全站仪。测站宜采用长边定向，经测站检查和第三点（控制点或邻站已测管线点）检测后，开始管线点测量，仪器高和觇标高量至 mm，测距长度不得大于 150 m。水平角及垂直角均观测半个测回，记录到全站仪内存中，只记录管线点的坐标（坐标模式）及编号。也可利用全站仪记录管线点的基本观测量（点号、边长、水平角、垂直角、觇标高），内业计算管线点坐标。

全站仪测量中，应特别注意仔细检查，核对图上编号与实地点号，防止错测、漏测和错记、漏记，严格做到测站与镜站一一对应，不重不漏。测量时，司镜员将带气泡的棱镜杆立于管线点地面标志上（隐蔽管线点以现场标记“十”字为中心，明显管线点测定其井盖上物探组所标明的位置），并使气泡严格居中，观测员快速、准确瞄准目标测定坐标。

为了确保每个管线点的精度，每一测站均对已测点进行邻站检查，每站检查点不少于 2

个，记录两次测量结果并计算差值，坐标差不大于 5 cm，高程差不大于 3 cm。若发现超差，应查明原因并重新定向和测量。

应将当天的数据及时传至计算机，以日期为文件名保存原始数据。原始数据经编辑、处理、查错、纠错后，应保存到管线测量数据库。

（2）GNSS RTK 测量法

采用 GNSS RTK 技术测量管线点平面位置时，要考虑环境影响，可采用快速静态法、GNSS RTK 法或网络 RTK 法。

采用 GNSS RTK 技术测量管线点时，为了满足管线点高程的精度要求，应按图根级 GNSS RTK 法测量的技术要求进行观测，开始作业或重新设置基准站后，应至少检核一个已知点，坐标较差不应大于 5 cm，高程较差不应大于 3 cm。

（3）导线串连法

导线串连法通常用于图根点比较稀少或没有图根点的情况。这种情况下需重新布设图根点，可将全部或部分管线点纳入图根导线，在施测导线的同时，对未纳入导线的管线点采用极坐标法或解析交会法测量。导线串连法的导线起点、闭点不应低于城市三级导线。

2）管线点高程测量

管线点高程测量一般采用直接图根水准法、电磁波测距三角高程法，也可采用 GNSS RTK 高程测量法。管线点的高程精度不得低于图根水准精度。高程起始点为四等以上水准点。水准路线应沿地下管线走向布设，应采用附合水准路线、闭合水准路线，在特殊情况可采用水准支线，水准支线长度不得超过 4 km，并按规范要求进行往返观测。

电磁波测距三角高程，也应起、闭于四等以上水准点，按电磁波测距导线和解析交会法测设，垂直角可单向观测，用交会法时应不少于三个方向，应确保仪器高、觇标高的量测精度和垂直角的观测精度。

5.2.2　管线带状数字地形图测绘

城市地下管线带状地形图的测图比例尺一般为 1:500 或 1:1 000，大中城市的城区一般为 1:500，郊区为 1:1 000；城镇为 1:1 000。测绘范围和宽度要根据有关主管部门的要求来确定，对于规划道路，一般测出两侧第一排建筑物或红线外 20 m 为宜。测绘内容按管线需要取舍，测绘精度与相应比例尺的基本地形图相同。

地下管线大比例尺带状地形图测绘的作业规范和图式主要有《城市测量规范》、《城市地下管线探测技术规程》（CJJ 61—2017）、《国家基本比例尺地形图图式　第一部分：1:500，1:1 000，1:2 000 地形图图式》、《基础地理信息要素数据字典　第 1 部分：1:500，1:1 000，1:2 000 比例尺》（GB/T 20258.1—2019）等。

数字带状地形图测绘主要包括野外数据采集、图形编辑与输出两大部分。

1. 野外数据采集

带状地形图野外数据采集按数据采集设备不同主要分为全站仪法和 GNSS RTK 法。数据采集包括数据采集模式、地形信息编码、碎部点间的连接信息及绘制工作草图等内容，它们是数字成图的基础。

1）数据采集模式

按数据记录器的不同，数据采集模式一般分为电子手簿、便携机、全站仪存储卡以及GNSS RTK 等模式，下面予以简要说明。

（1）电子手簿模式

电子手簿和全站仪通过电缆进行连接，可以实现观测数据和坐标值的在线采集，在控制点、加密图根点或测站点上架设台站仪，经定向后观测碎部点上的棱镜，得到方向、竖直角和距离等观测值，记录在电子手簿中。在测碎部点时要同时绘工作草图，记录地形要素名称、绘出碎部点连接关系等。也可在电子手簿上生成简单的图形，进行连线并输入信息码。内业将碎部点显示在计算机屏幕上，采用人机交互方式，根据工作草图提示进行碎部点连接，输入图形信息码，生成图形。

（2）便携机模式

在测站上将便携机和全站仪通过电缆进行连接，可以实现观测数据和坐标值的在线采集。便携机和全站仪之间也可进行无线数据传输。在便携机上，可实时对照实际地形、地物进行碎部点连接，也可以输入图形信息码和生成图形。便携机模式可用于内外业一体化数字测图，称作“电子平板法”测图。

（3）全站仪存储卡模式

此模式采用具有内存和自带操作系统或带有可卸式 PCMCIA 卡的全站仪，由用户自主编制记录程序，并安装到全站仪中，操作时无须电缆连接，野外记录十分方便。操作结束后，可将存储卡或 PCMCIA 卡上的数据方便地传输进计算机，其他过程同电子手簿模式。

（4）GNSS RTK 模式

采用 GNSS RTK 模式进行大比例尺测图时，仅需一人身背 GNSS 接收机在待测点上观测数秒到数十秒即可求得测点坐标，通过电子手簿或便携机模式，可测绘各种大比例地形图。采用 GNSS RTK 技术测图，可以直接得到碎部点的坐标和高程。在城市做带状地形图测绘时，受顶空障碍和多路径的影响较大，故 GNSS RTK 模式只适用于较空旷的郊区或规划区，一般还需要采用全站仪方法进行补测。

2）地形信息编码

为使绘图人员或计算机能够识别所采集的数据，便于对其进行处理和加工，须给碎部点一个代码（称作地形信息编码）。地形信息编码应具有一致性、灵活性、高效性、实用性和可识别性。一般地形图要素分为 9 个大类：测量控制点、居民地和垣栅、工矿建（构）筑物及其他设施、交通及附属设施、管线及附属设施、水系及附属设施、境界、地貌和土质、植被。地形图要素代码由 4 位数字组成，从左到右，第 1 位是大类码，用 1～9 表示；第 2 位是小类码；第 3、4 位分别是一、二级代码。管线测量中的地形信息编码与标准规定是一致的。

3）碎部点间的连接信息

要确定碎部点间的连接信息，特别是确定一个地物由哪些点组成，点之间的连接顺序和线型，可以根据野外草图上所画的地物以及标注的测点点号，在电子手簿或计算机上输入，或在现场对照地物在便携机上输入。按照所使用的数字测图系统的要求，组织数据并存盘，即可由测图系统调用图式符号库和子程序自动生成图形。

4）绘制工作草图

绘制工作草图是保证图形数据质量的一项措施。工作草图是图形信息编码、碎部点连接和人机交互生成图形的依据。

如果工作区有相近的比例尺地形图，则可以对旧图做适当放大，复制或裁剪后，制成工作草图的底图。作业人员只需将变化了的地物反映在草图上即可。在无图可用时，应在数据采集的同时人工绘制工作草图。工作草图应绘制地物的相关位置、地貌的地性线、点号标记、量测的距离、地理名称和说明注记等，地物复杂、地物密集处可绘制局部放大图。草图上点号注记应标注清楚、正确，并和电子手簿上记录的点号一一对应。

2. 图形编辑、输出

1）图形编辑

带状数字地形图的编辑是由技术人员操作有关数字测图软件来完成的。将野外采集的碎部点数据，在计算机上显示出来，经过人机交互编辑，从而生成数字地形图。所选用的数字测图软件必须具有如下基本功能：

① 碎部数据的预处理功能，包括在交互方式下碎部点的坐标计算及编码、数据的检查与修改、图形显示、图幅分幅等；

② 地形图编辑功能，包括地物图形文件的生成、等高线文件的生成、图形修改、地形图注记、图廓生成等；

③ 地形图输出功能，包括地形图绘制、数字地形图数据库处理和存储等。

目前，国内代表性的数字测图软件是南方测绘仪器公司研制的 CASS 数字测图系统。随着 GIS 的应用和发展，数字测图软件向 GIS 前端数据采集系统方向发展。

2）图形输出

图形输出设备主要有绘图仪、打印机、计算机外存（包括 U 盘、光盘、硬盘）等。数字带状地形图在完成编辑后，可以储存在计算机内存或外存介质上，或者由计算机控制绘图仪直接绘制地形图。

3. 图形质量要求

带状数字地形图的质量要求主要通过其数学基础、数据分类与代码、位置精度、属性精度、要素完备性等质量特性来描述。

① 数学基础：指地形图所采用的平面坐标和高程基准、等高线的等高距等。

② 数据分类与代码：应按照《基础地理信息要素数据字典　第 1 部分：1:500，1:1 000，1:2 000 比例尺》等标准执行，需要补充的要素与代码应在备注中加以说明。

③ 位置精度：主要包括控制点、地形地物点的平面精度，以及高程注记点和等高线的高程精度等。

④ 属性精度：指描述地形要素特征的各种属性数据是否正确无误。

⑤ 要素完备性：指各种要素不能有遗漏或重复、数据分层要正确、各种注记要完整等。

5.2.3 横断面测量

为了满足地下管线改扩建施工图设计的要求，有时还要提供某个或某几个路段的横断面图，这时需要做横断面测量。

横断面的位置要选择在主要道路（街道）有代表性的位置，一般一幅图不少于两个横断面。横断面应垂直于现有道路（街道）进行布置，规划道路必须测至两侧沿路建筑物或红线外，非规划道路可根据需要确定横断面。除测量管线点的位置和高程外，还应测量道路的特征点、地面坡度变化点和地面附属设施及建（构）筑物的轮廓。各高程点按中视法实测，高程检测较差不应大于 5 cm。

5.2.4 管线测量的质量检查

1. 质检基本要求

对地下管线测量成果必须进行成果质量检查，质量检查时应遵循“均匀分布、随地下管线图测绘精度”的原则，地下管线与邻近的建筑物、相邻管线以及规划道路中心线的间距较差在图上不得大于 0.5 mm。

质量检查工作均应填写记录，并在作业单位最高一级检查结束后编写测区质量自检报告。

2. 质量评定标准

每一个测区，随机抽查管线点总数的 5%进行测量成果质量检查，复测管线点的平面位置和高程。根据复测结果按式（5–6）和式（5–7）分别计算测量点位中误差 m_{cs} 和高程中误差 m_{ch}。当重复测量结果超过限差规定时，应增加管线点总数的 5%进行重复测量，再计算 m_{cs} 和 m_{ch}，若仍达不到规定要求，整个测区的测量工作应返工重测。

$$m_{cs}=\pm\sqrt{\frac{\sum\Delta s_{ci}^2}{2n_c}} \quad (5–6)$$

$$m_{ch}=\pm\sqrt{\frac{\sum\Delta h_{ci}^2}{2n_c}} \quad (5–7)$$

式中：Δs_{ci}、Δh_{ci}——重复测量的点位（第 i 个点）平面位置较差和高程较差；

n_c——重复测量的点数。

管线点与地形图测绘的数学精度评定方法是一致的，只是在中误差量化上有所区别而已。

3. 质量检查报告

质量检查报告内容应包括以下方面：

① 工程概况：包括任务来源、测区基本情况、工作内容、作业时间及完成的工作量等；

② 检查工作概述：包括检查工作组织、检查工作实施情况、检查工作量统计及存在的问题；

③ 精度统计：指的是根据检查数据统计出来的误差，包括最大误差、平均误差、超差点比例、各项中误差及限差等，这是质检报告的重要内容，必须准确无误；

④ 检查发现的问题及处理建议：包括检查中发现的质量问题及整改对策、处理结果，对限于当前仪器和技术条件未能解决的问题，提出处理意见或建议；

⑤ 质量评价：根据统计结果对质量情况进行结论性总体评价（优、良、合格、不合格），以及是否提交下一级检查等。

5.3　新建管线的定线测量与竣工测量

定线测量是把设计图上的管线放样（或称测设）到实地的测量。竣工测量是对新敷设管线进行测量，并绘到管线图上。定线测量是管线敷设的保证，竣工测量是规划、设计、施工和管理的依据。

5.3.1　定线测量

定线测量应依据经批准的线路设计施工图和定线条件进行。线路设计施工图上标明了设计管线的位置、主要点的坐标以及与周围地物的关系。所谓定线条件，是指管线的设计参数、主要点的坐标和其他几何条件。为定线测量布设的导线称作定线导线，定线导线一般按三级导线等级布设，主要技术要求应符合《城市地下管线探测技术规程》（CJJ 61—2017）相应条款的规定。

1. 定线测量方法

1）解析实钉法

根据线路设计施工图和定线条件所列待测设管线与现状地物的相对关系，在实地用经纬仪定出设计管线的中线桩位置，然后联测中线的端点、转角点、交叉点及长直线加点的坐标，再计算各线段的方位角和各点坐标。

2）解析拨定法

根据线路设计施工图和定线条件布设定向导线，测出定线条件和线路设计施工图中所列的地物点的坐标，推算中线各主要点坐标及各段方位角。如果定线条件和线路设计施工图中给出的是管线各主要点的解析坐标或图解坐标，则可计算出中线各段的方位角和直线上加点的坐标，然后用导线点放样出中线上各主要点和加点，直线上每隔 50～150 m 设一加点。对于直线段上的中线放样点，应做直线检查，记录偏差数，采用作图方法求取最佳直线，并进行现场改正。

3）自由设站法

根据定线导线点的坐标，在实地任选一个便于定测放样的测站，用全站仪按自由设站法（各种后方交会法）获得测站点的坐标并定向，然后根据测站坐标和新建敷设管线的设计坐标用极坐标进行放样。

4）GNSS 测量法

采用 GNSS RTK 或网络 RTK 技术，将新敷设的管线点设计坐标事先加载到 GNSS 的控制器（如 PDA）上，根据程序可在实地进行管线放样，采用这种方法的前提是在 GNSS 测量的顶空障碍较小，适合规划区的新建管线定线。

2. 定线测量要求

测量地物点坐标时，应在两个测站上从不同的起始方向用极坐标法或两组前方交会法进行，交会角应控制在30°～150°之间，当两组观测值之差小于限差时，取两组观测值平均值作为最终观测值。在定线计算中，方位可根据需要计算至 1″ 或 0.1″，距离和坐标计算至 mm。管线桩位遇障碍物不能实钉时，可在管线中线上钉指示桩，并写明桩号，指示桩与应钉桩的距离应在有关资料中注明。

在定线测量过程中，应进行控制点校核、图形校核和坐标校核等各种校核测量，校核限差应符合《城市地下管线探测技术规程》（CJJ 61—2017）的规定。

用导线点测设的管线中线桩位，应做图形校核，并在不同测站上后视不同的起始方向进行坐标校核。

5.3.2 竣工测量

竣工测量的主要工作内容是管线调查、测量和资料整理。

新建地下管线竣工测量应尽量在覆土前进行。当不能在覆土前施测时，应设置管线待测点并将设置的位置准确地引到地面上，做好点之记。新建管线点坐标的平面位置中误差不得大于 5 cm，高程中误差不得大于 3 cm。

管线竣工测量应采用解析法进行。应在符合要求的图根控制点或原定线的控制点上进行，在覆土前应现场查明各种地下管线的敷设状况，确定在地面上的投影位置和埋深，同时应查明管线种类、材质、规格、载体特征、电缆根数、孔数及附属设施等，绘制草图并在地面上设置管线点标志。对照实地逐项填写地下管线探测记录表。管线点宜设置在管线的特征点或其地面投影位置上。管线特征点包括交叉点、分支点、转折点、变深点、变材点、变坡点、变径点、起讫点、上杆点、下杆点以及管线上的附属设施中心点等。在没有特征点的管线段，宜按相应比例尺设置管线点，管线点在地形图上的间距应不大于 15 cm；当管线弯曲时，管线点的设置应以能反映管线弯曲特征为原则。

管线竣工测量的资料整理与已有管线的管线点测量基本相同，在此从略。

习题与思考 5

（1）地下管线测量主要包括哪些内容？

（2）简述管线点测量的基本方法和要求。

（3）地下管线测量质量检查有什么要求？如何进行质量评定？

（4）定线测量主要方法有哪些？有哪些要求？

（5）竣工测量的工作内容有哪些？如何进行质量评定？

第 6 章　地下管线数据处理及管线图编绘

（1）了解地下管线数据处理及管线图编绘的基本内容与工作流程。

（2）掌握地下管线数据处理及管线图编绘的方法及要求。

6.1　概　　述

6.1.1　数据处理与管线图编绘

在地下管线探测、测量工作完成后，在将数据导入管理信息系统之前，必须对数据进行必要的处理，形成满足要求的数据与图形文件，这就是地下管线数据处理及管线图编绘的内容。

1. 数据处理

数据处理包括地下管线属性数据的输入和编辑、元数据和管线图形文件的自动生成等；数据处理后的成果应具有准确性、一致性和通用性；地下管线元数据，应能从图形文件和数据库中部分自动获取，并能对其进行编辑、查询、统计。

2. 管线图编绘

管线图编绘，应在地下管线数据处理工作完成并经检查合格的基础上，采用数字成图。数字成图编绘工作应包括下列内容：比例尺的选定、数字化基础地理图和管线图的获取、注记编辑、成果输出等。

地下管线图包括综合地下管线图、专业地下管线图和地下管线断面图。

6.1.2　数据处理与管线图编绘软件

目前，国内外可用于数据处理与管线图编绘的软件很多，长期进行地下管线普查的单位基本都开发出了管线数据处理软件，这些软件的功能各有千秋，但基本都具备以下功能。

① 数据输入或导入：管线属性数据的输入和空间数据（测量数据）的导入。

② 数据入库检查与排错：对进入数据库中的数据，应能进行常规错误检查。

③ 数据处理：能根据已有的数据库自动生成管线图，并根据需要自动进行管线注记，

实现图库联动。

④ 图形编辑：对管线图形、注记可进行编辑，可对管线图按任意区域进行裁剪或拼接。

⑤ 成果输出：具有绘制任意多边形窗口内的图形与输出各种成果表的功能。

⑥ 数据转换：具有开放式的数据交换格式，能将数据转换到以不同平台开发的管线管理信息系统中。

⑦ 扩展性能良好。

6.1.3 数据处理与管线图编绘工作流程

数据处理与管线图编绘工作流程如图 6–1 所示。

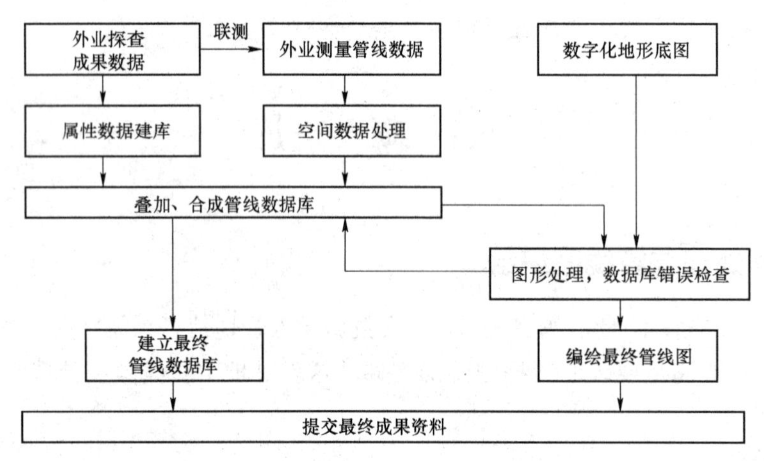

图 6–1 数据处理与管线图编绘工作流程

6.2 建立管线数据库

建立管线数据库，就是将外业获取的管线属性数据和空间数据，利用计算机采用人工录入或计算机导入等形式建立数据库文件。数据库的结构和文件格式应满足地下管线信息管理系统的要求，便于查询、检索和应用。

管线数据库是后续管线管理工作的基础，是内业工作的核心。各种管线图和成果表都是由数据库生成的。因此，建立数据库是非常重要的工作，同时又是一项非常繁重的工作，也是普查工作成败的关键，必须认真对待。

地下管线探测获取的数据包括属性数据和空间数据（图形数据）两部分。属性数据一般由物探工序获取，空间属性一般由测量工序获取。

建立管线数据库一般分两步进行：管线点测量工作完成前，先由数据处理人员将地下管线探测记录表（探测手簿）中的信息录入计算机，完成数据库中的属性数据录入；管线点测量工作完成后，将管线点坐标追加（合并）到数据库中，形成完整的管线数据库。数据库一般采用 Access 的*.mdb 格式或 Visual FoxPro 的*.dbf 格式。

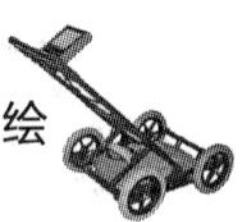

6.2.1　属性数据库的建立

属性数据主要指管线的权属单位、管线点编号、管线类别（性质）、材质、规格（直径或断面尺寸）、埋深、载体特征、电缆条数、孔数（总数和已占用数）、附属设施、管线的埋设时间）等。根据用途和要求不同，不同城市对属性数据的要求也不同。

建立属性数据库，就是利用专业的建库软件，把物探外业调查的各种属性数据录入计算机，形成探测数据文件。

建立管线数据库文件，要利用外业物探工作图（工作草图）和地下管线探测记录表（探测手簿），采用专门的数据库软件，依据界面提示内容逐项填写。因建库工作量巨大，操作人员要仔细、认真地检查核对，防止数据录入错误，录入的数据要及时存盘备份。

6.2.2　空间数据库的建立

空间数据指管线点的平面位置和高程，即管线点的三维坐标。空间数据库就是管线点坐标数据文件。

实际作业时，操作人员应把每天的测量数据，利用通信软件将存储在全站仪上的管线点坐标传输到计算机，编辑后形成测点文件。测点文件一般采用以下三种格式存储到测区数据库表“测量库”中：txt 文件格式（*.txt）、dbf 文件格式（*.dbf）、mdb 文件格式（*.mdb）。数据格式一般为：

管线点号 1，x_1，y_1，h_1

管线点号 2，x_2，y_2，h_2

管线点号 3，x_3，y_3，h_3

⋮

管线点号 n，x_n，y_n，h_n

6.2.3　数据库的合并

属性数据库和管线点坐标数据库（空间数据库）的公共部分是管线点号（物探外业编号）。利用这一特点，采用专业软件提供的数据合并功能，将测量坐标自动追加（合并）到属性库中，把属性数据库与空间数据库按照管线点一一对应的原则合并成一个完整的管线数据库。

6.2.4　数据库的检查与排错

在利用数据库作图之前，需对数据进行一致性检查，并对发现的问题查明原因，进行改正。利用专业软件的查错功能，对数据库进行全面检查，检查数据库内部是否有连接关系错误、管径矛盾、代码错误、格式错误，管线点距是否超长、相互矛盾，有无空项、坐标缺失，等等，并进行改正，排除数据错误。

利用专业软件的查错功能，可自动生成错误信息表，作业员应根据错误信息表及时地对数据进行核查，修正错误，为编绘管线图做准备。

6.3 编绘管线图

地下管线数据处理与编绘成图是一项烦琐而复杂的工作，涉及物探、测量和计算机等方面的知识。地下管线数据库具有数据量大、属性内容多等特点。

在地下管线探测工作中，经过物探和外业测量工序对地下管线进行前端数据采集，转入内业工序对地下管线的空间数据和属性数据分别建库，然后通过计算机程序自动检查，合格后将空间数据库和属性数据库进行合并，生成地下管线数据库，并对数据进行处理。

数据处理包括对地下管线数据的输入、编辑和修改，元数据和管线图形文件的自动生成，等等；地下管线元数据生成应具有从图形文件和数据库中部分自动获取以及编辑、查询、统计的功能。数据处理后的成果应具有准确性、一致性和通用性。

在地下管线数据处理工作完成并经检查合格的基础上，利用专门的成图软件，由数据库直接生成管线图，并进行地下管线图的编绘工作。

6.3.1 编绘管线图的工作内容

编绘工作应包括比例尺的选定、数字化地形图的导入、注记编辑、成果输出等。

比例尺的选定应与作为背景图的城市地形图的比例尺一致，否则应进行地形图的缩放与编绘。文字、数字的注记与编辑，应视管线图上的管线密集程度而定，可适当进行取舍。成果输出全部由计算机自动生成。

6.3.2 编绘管线图的注意事项

1. 管线图注记

在综合地下管线图中，对于地下管线特别密集的路口或重要地段，应单独制作地下管线放大图，放大图中管线点号、路名、单位名称等均应按规程的要求重新注记。

在专业地下管线图中，除进行重新注记外，还应标注专业管线的相关属性。

2. 管线图的比例尺、图幅规格

综合地下管线图和专业地下管线图的比例尺、图幅规格及分幅应与城市基本地形图一致。一般在主要城区采用 1:500 比例尺；在城市建筑物和管线稀少的近郊采用 1:500 或 1:1 000 比例尺；在城市外围地区采用 1:1 000 或 1:2 000 比例尺。

当地形图比例尺不能满足地下管线成图需要时，需对现有地形图进行缩放和编绘。如果地形图是全野外数据采集而获得的，在放大一倍时，地物点精度不丢失，但文字注记、高程注记、个别独立地物等需要重新编辑；比例尺缩小时亦是如此。如果地形图是采用现有的数字化图或原图数字化的，其放大后的精度可能较低，不能满足地下管线成图的要求，应慎用。

6.3.3 基础地形图在编绘管线图中的应用

1. 对基础地形图的要求

当前，作为背景图的基础地形图，其采用还很不规范。受各地客观条件的限制，测绘基础较好的城市，其地形图的数字化程度较高，精度也很高，能满足地下管线成图的各种要求；

测绘基础稍差的城市，采用的基础地形图通常是将纸质图进行数字化，精度较低，使用前应先检查，合格后方能使用。

编绘管线图用的基础地形图，应符合下列要求：

① 比例尺应与所绘地形底图的比例尺一致；

② 坐标、高程系统应与管线测量所用系统一致；

③ 图上地物、地貌基本反映测区现状；

④ 质量应符合现行行业标准《城市测量规范》（CJJ/T 8—2011）的技术标准；

⑤ 数字化管线图的数据格式应与数字化地形图的数据格式一致。

2. 基础地形图的获取

数字化基础地形图有 3 种获取手段：采用现有的数字化图、原图数字化或数字化测图。基础地形图在使用前应进行质量检查，当不符合《城市地下管线探测技术规程》（CJJ 61—2017）规定时，应按现行行业标准《城市测量规范》（CJJ/T 8—2011）进行实测或修测。

3. 基础地形图的应用

数字化基础地形图的要素分类与代码宜按现行国家标准《基础地理信息要素数据字典 第 1 部分：1:500　1:1 000　1:2 000 比例尺》（GB/T 20258.1—2019）的要求实施。

展绘管线使用的数据或数字化管线图的数据，宜采用地下管线探测采集的数据或竣工测量的数据。

在编辑地下管线图的过程中，应删去基础地形图中与实测地下管线重合或矛盾的管线、建（构）筑物。

6.3.4　综合地下管线图编绘

1. 编绘原则

综合地下管线图的编绘应遵循分层管理的原则，主要分地形层和管线层两大类。但具体到每一项工程中，则要视当地的具体要求而确定对应的地形、管线图层，例如：

① 在地形层中，又分为控制点、居民地、道路、水系、植被、独立地物、文字注记等图层；

② 在管线层中，按专业可分为给水、排水、燃气、电力、电信、热力、工业等图层。

也可按权属单位进行分层，在各权属单位管线层中又按各注记分层，各种专业管线放在*L 层，管线点、窨井等点符号放在*P 层，图上标注放在*T 层，扯旗放在 CQ 层，双线沟（箱涵）的边线放在*B 层，具体按《城市地下管线探测技术规程》（CJJ 61—2017）的要求进行。

2. 编绘内容

综合地下管线图的编绘宜包括以下内容：

① 各专业管线：在综合地下管线图上应按照规程规定的代号、色别及图例，用不同的符号和着色表示；

② 管线上的建（构）筑物：如给水管线中的泵房、储水池等，电力管线中的变压器、路灯等，电信管线中的电信箱、路边电话亭等；

③ 地面建（构）筑物：作为地下管线图的背景图，地形层中应标示出能够反映地形现状的地面建（构）筑物，以作为管线相对位置的参照；

④ 铁路、道路、河流、桥梁；

⑤ 其他主要地形特征。

3. 编绘前应取得的资料

① 测区基础地形图或数字化基础地形图。

② 综合管线图路面要注记的铺装材料，草地植被符号配置采用整列式表示，对草地中散树采用相应式表示。

③ 数据处理完成并经检查合格的地下管线探测或竣工测量管线图形和注记文件。

注意：当管线上下重叠或相距较近，且不能按比例绘制时，应在图内以扯旗的方式说明。扯旗线应垂直于管线走向，扯旗内容应放在图内空白处或图面负载较小处。扯旗说明的方式、字体及大小宜符合《城市地下管线探测技术规程》的规定。

4. 综合地下管线图上的注记要求

① 图上应注记管线点的编号。管线图上的各种注记、说明不能重叠或压盖管线。地下管线点的图上编号，在本图幅内应进行排序，不允许有重复编号；编号不足 2 位的，数字前加 0 补足 2 位。

② 各种管道应注明管线的类别代号及管线的材质、规格、管径等。

③ 电力电缆应注明管线的代号、电压。沟埋或管埋时，应加注管线规格。

④ 电信电缆应注明管线的代号、管块规格和孔数。直埋电缆应注明管线代号和根数。目前电信管线又细分为移动、联通、铁通、网通、交警信号等子类。因此，在标注时，应将其分别标注。

⑤ 注记字体大小为 2 mm×2 mm。

5. 综合地下管线图中的局部放大图

在综合地下管线图中，对于地下管线特别密集的路口或重要地段，因图上点号太密，点号移动之后，可能无法找到对应的点位。遇到这种情况，应单独制作地下管线局部放大图，放大图中的管线点号、路名、单位名称等均应按要求重新注记。

另外，剖面方位与注记，应严格遵照地形图图式、字序规范绘制。

6.3.5 专业地下管线图编绘

专业地下管线图的编绘，宜一种专业管线一张图，或相近专业管线组合成一张图，也可按照权属单位来分。

编绘专业地下管线图时，应根据专业管线图形数据文件与城市基础地形图文件，在软件中进行叠加，编辑成图。

1. 编绘内容

专业地下管线图上应绘出与管线有关的建（构）筑物、地物、地形和附属设施。编绘时应增加有关属性注记内容，应沿管线走向注记，但当注记压盖建筑物、管线及其附属设施符号时，可适当旋转一定角度。对地形变化点，必须加注高程。

① 给水管线：窨井中的阀门，以阀门表示；窨井中阀门与水表在一起时，用水表表示；管径小于 100 mm 的给水管可不表示，但窨井必须按地物表示。

② 燃气管线：阀门井用阀门符号表示，管线经过的井盖用管线点符号表示，余下井盖

用地物窨井符号表示。

③ 电力管线：预留管沟（无线）测出中心位置，以虚线连接（供电颜色），扯旗注“空沟”，专业图上注“空沟”。供电杆边有供电线上杆时，供电杆用地物表示，杆位表示上杆位置，用管线点符号加箭头表示上杆。

④ 通信管线：管块不标孔数；权属单位不同、紧挨着的管块，施测时用一条管线处理；在“成果表示附属物”一栏中，预埋管块（无线）测出窨井，并以虚线表示（用通信颜色）。通信杆边有通信线上杆时，通信杆用地物表示，杆位表示上杆位置，用管线点符号加箭头表示上杆。

⑤ 管线终止：用规定图例预留口表示。排水起始、终止井用排水窨井加半圆表示，开口方向为流向。管线进入非普查区的去向用虚线（实部 2 mm，虚部 1 mm）表示，长度为 8 mm。属于探测范围的用变径符号，不属于探测范围的用终止符号。

⑥ 管沟：按比例以虚线绘出边线，井盖不在中心的用地物表示，沟内注记“综合管沟”（用黑颜色），线条用黑色，管线点标在沟中心线上，但图面上不连接。

2. 注记要求

① 图上应注记管线点的编号。

② 各种管道应注明管线的类别代号、管线规格、材质和管径等。

③ 电力电缆应注明管线的代号、电压和电缆根数。沟埋或管埋时，应加注管线规格。

④ 通信电缆应注明管线的代号、管块规格和孔数。直埋电缆应注明管线代号和根数。

⑤ 管线图上的各种注记、说明不能重叠或压盖管线。

6.3.6　地下管线断面图编绘

地下管线断面图通常分为地下管线纵断面图和地下管线横断面图两种，一般只要求做出地下管线横断面图即可。

1. 比例尺要求

地下管线断面图应根据断面测量的成果资料编绘，其比例尺的选定应按图上不做取舍和位移能清楚地表示内容为原则，图上应标注纵横比例尺。管线断面图的比例尺宜按表 6–1 的规定选用，纵断面的水平比例尺应与相应的管线图一致；横断面的水平比例尺宜与高程比例尺一致；同一工程，各纵、横断面图的比例尺应一致。

表 6–1　管线断面图比例尺

项目	纵断面图		横断面图	
水平比例尺	1:500	1:1 000	1:50	1:100
高程比例尺	1:50	1:100	1:50	1:100

2. 编绘内容

地下管线断面图应表示的内容：断面号、地形变化、各种管线的位置及相对关系、管线高程、管线规格、管线点水平间距等。

① 纵断面图应绘出地面线、管线、窨井与断面相交的管线及地上（地下）建（构）

筑物。还应标出各测点的里程桩号、地面高、管顶或管底高、管线点间距、转折点的交角等。

② 横断面图应表示的内容：地面线、地面高、管线与断面相交的地上（地下）建（构）筑物。还应标出测点间水平距离、地面和管顶或管底高程、管线规格等。

3. 编号方式

管线断面图的编号用城市基本地形图图幅号加罗马字母顺序号表示。横断面图的编号宜用 $A—A'$、$I—I'$、1—1′ 等表示，横断面编号用里程桩号表示。

4. 管线表示

管线断面图的各种管线应以 2.5 mm 为直径的空心圆表示，直埋电力、电信电缆以直径 1 mm 的实心圆表示；小于 1 m×1 m 的管沟、方沟，以 3 mm×3 mm 的正方形表示；大于 1 m×1 m 的管沟、方沟，以按实际比例表示。

6.4　编制地下管线成果表

地下管线成果表，通常由计算机自动生成并完成编制。根据具体要求不同，成果表又可分为地下管线成果表、地下管线点成果表，也可以形成一个总的成果表。地下管线成果表的编制应遵循以下原则：

① 地下管线成果表应依据绘图数据文件及地下管线的探测成果编制，其管线点号应与图上点号一致；

② 地下管线成果表的编制内容及格式应按现行《城市地下管线探测技术规程》的要求编制；

③ 编制成果表时，对各种窨井坐标只标注井中心点坐标，但对井内各个方向的管线情况应按现行《城市地下管线探测技术规程》的有关要求填写清楚，并应在备注栏以邻近管线点号说明方向；

④ 成果表应以城市基本地形图图幅为单位，分专业整理编制，并装订成册。每一图幅各专业管线成果的装订应按下列顺序执行：给水、排水、燃气、电力、热力、通信（电信、网通、移动、联通、铁通、军用、有线电视、电通、通信传输局）、综合管沟，成果表装订成册后应在封面标注图幅号并编写制表说明；

⑤ 地下管线成果表文件分为管线点成果表文件（*.xls）、管线数据库文件（*.mdb）和管线图形文件（*.dwg）。

6.5　地下管线数据处理软件

地下管线数据处理所采用的软件，可按实际情况和需要选择。目前，数据处理软件通常由地下管线探测单位自行编写，但基本上都是在通用的软件开发平台上进行二次开发的，如

AutoCAD、中望 CAD 等。在本节中，以广东工贸职业技术学院科研团队开发的“管线勘测数据处理系统（GMPS）”为例，对地下管线数据处理软件进行介绍。

6.5.1 地下管线数据处理软件通用功能

地下管线数据处理软件通常具有以下 6 大功能。

1. 便捷的物探数据录入功能

软件应具有把不同格式的数据输入计算机的功能，当前较常用的数据格式为 .mdb 格式。GMPS 的数据录入有以下两种方式。

① *物探库过渡录入方式*：此录入方式录入界面和外业记录表格一致，方便直观，便于前期大批外业数据的录入、查错和修改。

② *直接分离点线录入方式*：此录入方式将物探数据直接分离为点记录和线记录，便于管线内业数据的后期处理和修改。

2. 全面的数据查错功能

对进入数据库中的数据，能进行常规错误检查，不但可以自定义数据查错的种类和方式，还具有错误记录定位功能，只需双击错误提示行（位于错误输出窗口中），即可自动跳转定位到对应错误记录，以便于改正。

3. 快速的管线数据处理功能

软件应能根据已有的数据库自动生成管线图形、注记，以及管线点、线属性数据库。GMPS 利用改进的管线成图算法缩短管线成图时间，适合对大批量数据进行处理，主要特色如下。

① *图库联动*：在图形中可直接对数据库进行查询、修改，而且用户对数据库的修改可直接反映到管线图形中，并能自动更新图形中的符号、注记等相关属性。

② *管线成图自定义*：可自定义管线成图的“图层设置”“字体设置”“线型设置”“注记设置”“图廓设置”“扯旗设置”等。

4. 强大的图形编辑功能

① *图上点号注记*：可以自动注记，也可手工注记，但注记应遵循一定顺序或原则，并应具有点号寻找功能，即通过图上点号或外业点号在图面上定位。

② *管线图裁剪、拼接与分幅*：可对管线图按任意区域进行裁剪或拼接，也可按照标准分幅原则进行管线分幅。标准分幅时，可以分出单个图幅，也可以分出多个图幅，其中的图幅号调用的是数据库的“图幅信息”表中的内容。

裁剪或拼接管线图或标准分幅管线图，均应具有自动切边功能，并能自动整饰图幅。

③ *管线加点*：在线上加管线点，GMPS 能自动把所加的点追加到数据库点表中，并修改线表中相关线段的连向，适用于管线点间距超长的情况。

所绘制的管线点只有坐标和物探点号属性，其他属性可利用“属性复制”配合“属性查询与修改”模块来完成属性录入，所绘制的管线点高程可能是错误的，一定要在查图中确认修改。

④ *属性查询与修改*：通过起始点号和终止点号读取数据库中相应线表的属性，可以修

改各项内容，同时修改数据库。在屏幕上选取管线点，就可以查询到被选点的属性，如果修改了特征数据和附属物，图形的管线点符号也会随之改变。

⑤ 属性复制：把同类实体的属性复制过来。

⑥ 管线的标注：

a）专业管线标注，分自动标注和手工标注；

b）管线扯旗，对综合图应自动进行扯旗标注；

c）插入排水流向：根据数据库内数据，自动插入排水流向符。

⑦ 长度统计：统计管线的三维长度，并进行报表输出。

⑧ 图廓整饰：通过点取图幅内的点，自动插入图框，并注记四角坐标和图幅号。

⑨ 生成图幅信息：可以通过从屏幕点取测区范围，或手工输入测区范围，自动生成图幅信息，同时在图幅内画出接合表。

⑩ 旋转雨水篦：在自动生成的排水管线中，雨水篦的方向通常是东西向的，与道路走向不一致，因此要对其进行旋转。

5. 成果输出

软件具有绘制任意多边形窗口内的图形与输出各种成果表的功能。

6. 数据转换

软件具有开放式的数据交换格式，能将数据转换到管线信息系统中。

6.5.2 管线勘测数据处理系统简介

管线勘测数据处理系统（GMPS）由广东工贸职业技术学院科研团队结合生产实际需要研发，该系统选择 Windows 7 及以上版本为系统平台，在通用图形软件 AutoCAD 2008 及以上版本（同时也在中望 CAD 2013 及以上版本）平台上，采用 VB.NET 2008 软件开发工具，结合 ObjectARX 托管类进行二次开发，它融合了 VBA 易于开发和 ObjectARX 功能强大的优点，并具有很好的兼容性。

该系统能满足地下管线探测生产需要，具备外业数据入库、数据查错及自动成图等功能，从根本上解决了图形与数据库联动问题，具有简明统一的操作界面，增强了数据与图形处理的自动化程度。

1. 系统界面与结构

管线勘测数据处理系统的主界面如图 6–2 所示，总体结构如图 6–3 所示。

2. 系统功能

管线勘测数据处理系统具有 10 大功能，分别为：系统设置、工程管理、批量成图、管线编图、测量处理、数据处理、质量检查、断面分析、数据转换和系统帮助，包括管线数据录入、管线成图（生成线段、符号及注记）、属性查询与修改、输出外部数据（MDB 数据库、成果表）、数据查错、图库联动等功能。下面对其主要功能进行介绍。

1）管线工程的建立和管理

GMPS 以工程管理的方式对管线数据库进行管理，提供新建工程、打开工程和工程参数设置等功能，如图 6–4 所示。

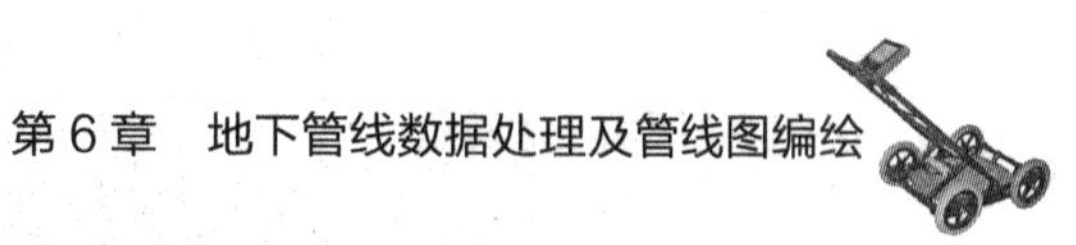

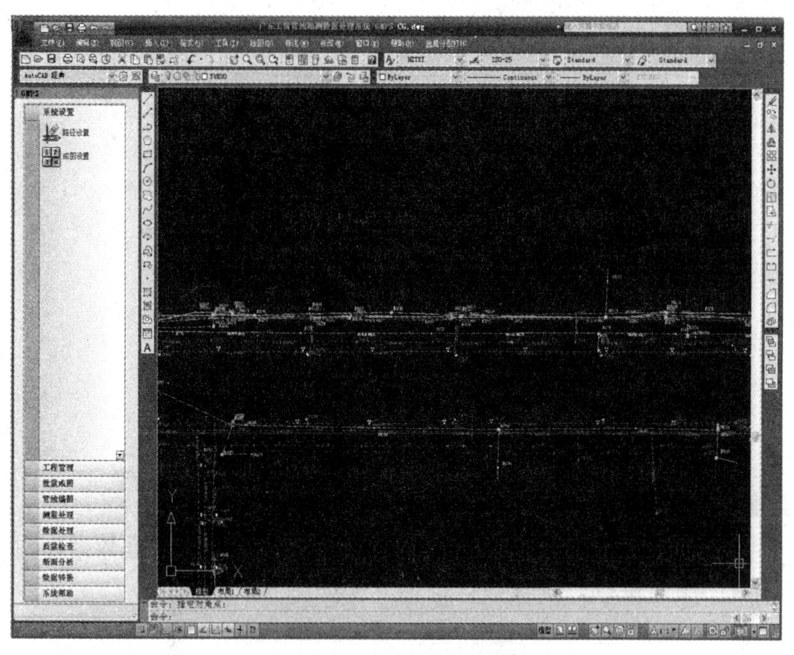

图 6–2　GMPS 主界面

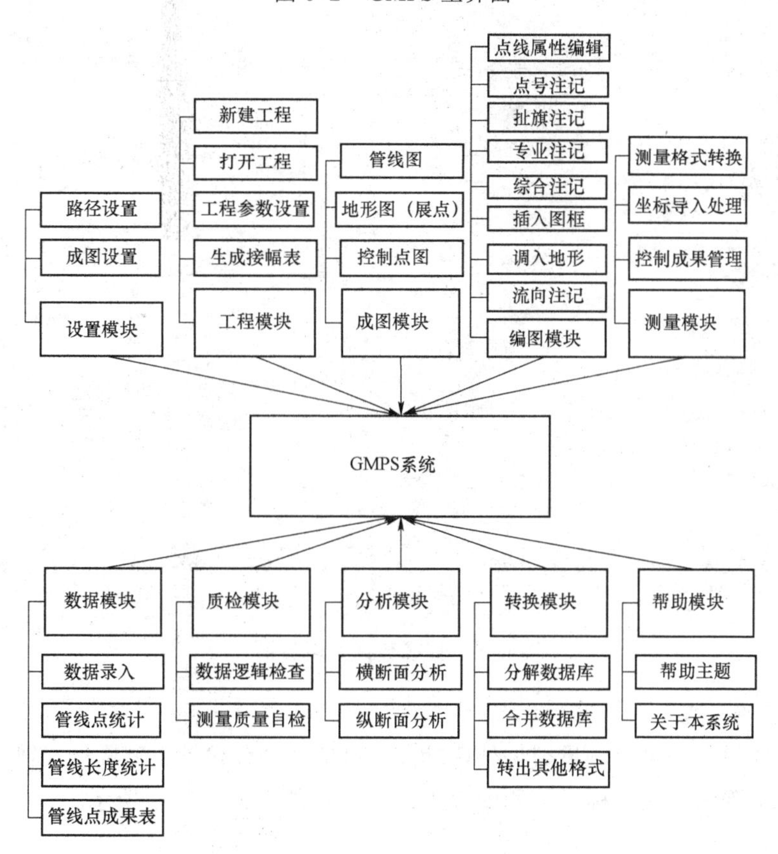

图 6–3　GMPS 总体结构

工程管理
新建工程
打开工程
工程参数设置
生成接幅表

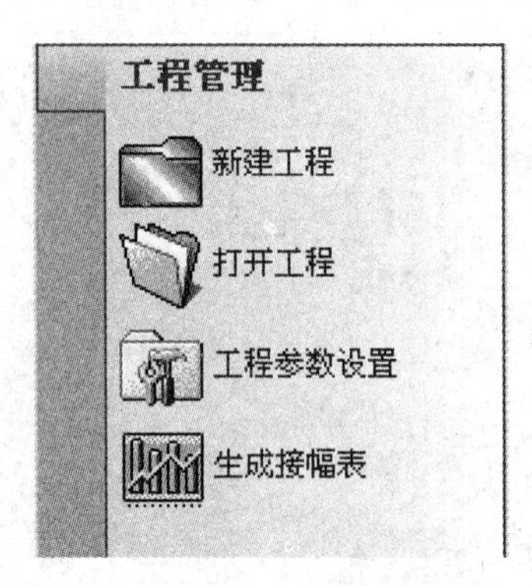

图 6–4　工程管理功能

2）探测数据、属性数据的录入与编辑

GMPS 以界面输入的方式让用户将物探外业数据输入到管线工程数据库，并能对数据进行编辑，为管线成图奠定基础。管线数据编辑界面如图 6–5 所示。

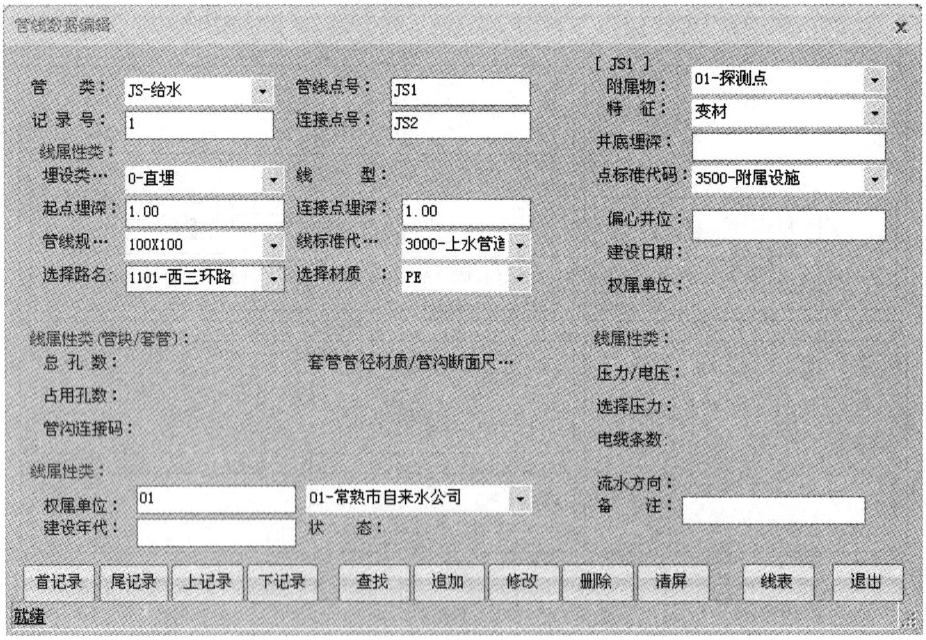

管线数据编辑
管　类：JS-给水
记 录 号：1
线属性类：
埋设类…　0-直埋
起点埋深：1.00
管线规…　100X100
选择路名：1101-西三环路
管线点号：JS1
连接点号：JS2
线　型：
连接点埋深：1.00
线标准代…　3000-上水管道
选择材质：PE
[JS1]
附属物：01-探测点
特　征：变材
井底埋深：
点标准代码：3500-附属设施
偏心井位：
建设日期：
权属单位：
线属性类(管块/套管)：
总 孔 数：
占用孔数：
管沟连接码：
套管管径材质/管沟断面尺…
线属性类：
压力/电压：
选择压力：
电缆条数：
线属性类：
权属单位：01
01-常熟市自来水公司
建设年代：
状　态：
流水方向：
备　注：
首记录
尾记录
上记录
下记录
查找
追加
修改
删除
清屏
线表
退出
就绪

图 6–5　管线数据编辑界面

3）测量数据处理

测量模块提供了一系列测量数据处理功能，包括全站仪传输、测量格式转换、坐标导入处理、控制成果管理、极坐标计算和图幅号计算等功能，如图 6–6 所示。

4）成图与编图

GMPS 提供有成果数据自动成图及一系列的编图功能，如图 6–7 所示。

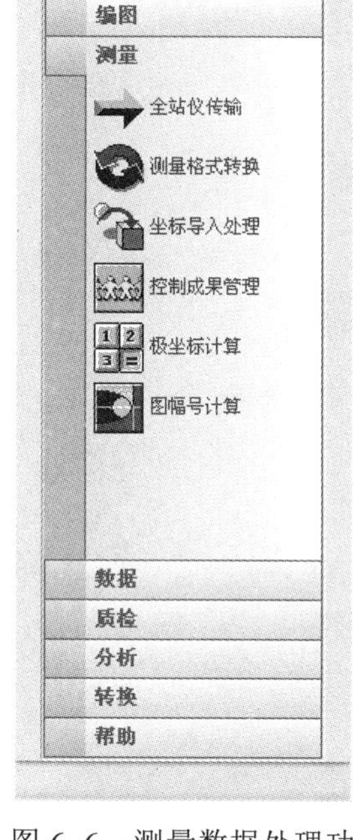

图 6–6　测量数据处理功能

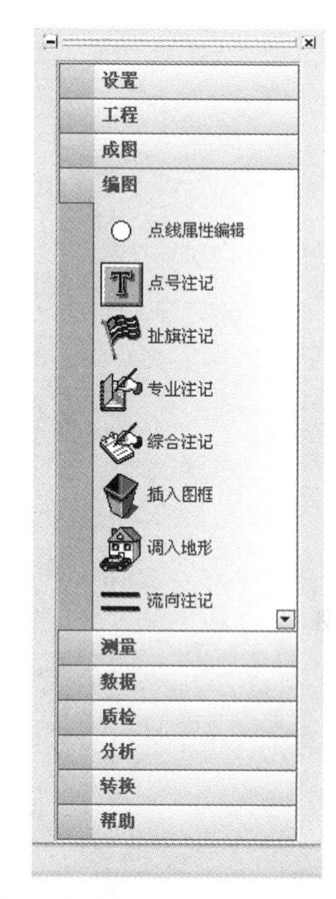

图 6–7　成图与编图功能

5）图形点、线属性的查询与修改，实现数据库和图形联动

GMPS 提供的点、线属性的修改、编辑功能主要包括：

① 管线和管点的修改处理（各种点、线属性的修改）；

② 管线和管点的删除处理；

③ 管线和管点的追加处理。

图 6–8、图 6–9 是其中的两个查询界面。

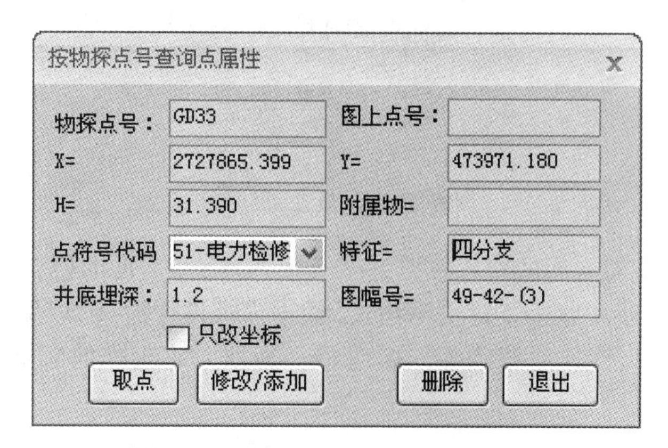

图 6–8　按物探点号查询点属性界面

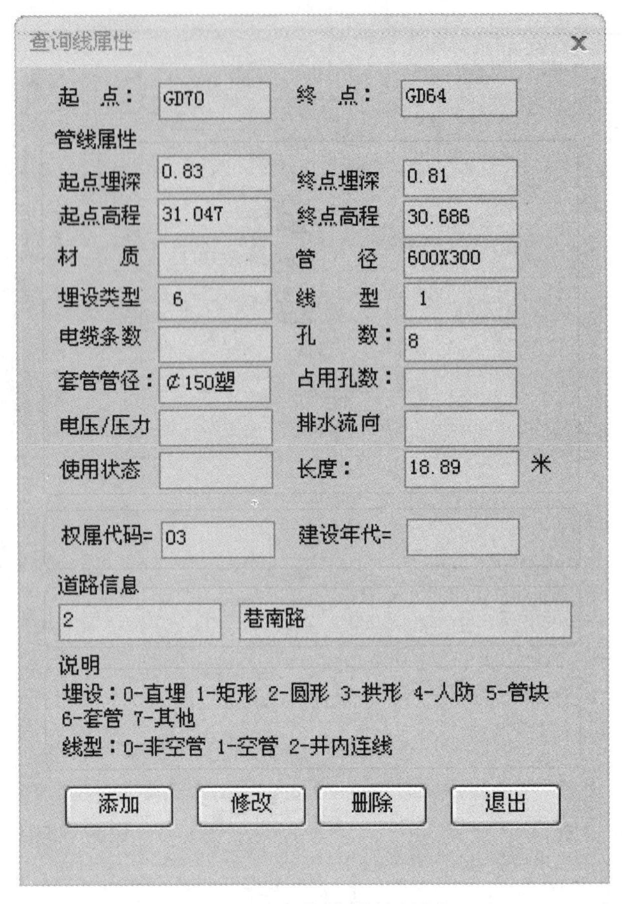

图 6–9　查询线属性界面

6）质量检查

质量检查包括数据逻辑检查和测量质量自检两方面，如图 6–10 所示。

图 6–10　质量检查功能

数据逻辑检查功能对入库的管线数据进行一系列系统、全面的检查，以保证数据的正确性。在数据处理的第一步中就需要对数据格式、数据内容进行检查，以保证各个数据文件（包括数据库、管线编码文件）的正确性，确保整个数据入库工作的顺利进行。主要检查内容如下。

① 数据库结构是否正确，包括字段名、字段类型等。

② 数据库中每条记录是否完整，具体如下：

a）每条记录必须注记图上点号、测量点号、物探点号、特征（多通、拐点等）、附属物（阀门、窨井等）、地面高程、埋深、权属单位、符号编码；

b）除了空管、空沟，每条记录必须注记埋设年代；

c）除了空管、空沟，每条记录必须注记管材；

d）除了空管、空沟，电力管记录必须注记电压，电压值以 kV 为单位；

e）除了管沟、空管、空沟、接线箱、手孔、直埋、上杆、出地、进墙，电信管记录必须在备注栏注记孔数；

f）除了上杆、出地、进墙、直埋、接线箱、消防栓、上杆，每条记录必须注记管径；

g）排水管记录必须注记管底高程，其他类管记录必须注记管顶高程；

h）图边点只需注记测量点号、x 坐标、y 坐标。

③ 数据库中每项记录是否正确，具体如下：

a）x、y 坐标值是否在图幅内；

b）断面尺寸格式是否正确；

c）管线编码文件中的点编码与数据库中记录的附属物或特征值是否一致；

d）如果是变径点，是否在备注栏中注记“变径”；

e）根据编码文件中的连接关系，判断数据库中相邻管线管径是否一致；

f）根据编码文件中的连接关系，判断数据库中相邻管线记录中的连接方向字段内容是否一致。

全面的点、线表检查项目，可以最大限度地保证成果数据的正确性，图 6–11 和图 6–12 是其中的两个检查界面。

图 6–11　设置检查项目界面

物探点号	图上点号	点代码	纵坐标	横坐标	地面高程	特征
YS2001	YS2	44	3503550.327	71500.512	2.212	

起点点号	终点点号	错误内容
		检查日期：2008-5-9 12:18:24 下午
		测区数据检查记录　　测区号:03试验
		点表检查开始...
		点表检查结束
		线表检查
		雨水管线(YS)线属性表连接关系检查:
YS62		是一个多通或多分支点，请在特征栏注明
YS2001		是一个多通或多分支点，请在特征栏注明
YS2004		是一个多通或多分支点，请在特征栏注明
YS2007		是一个多通或多分支点，请在特征栏注明
YS2012		是一个多通或多分支点，请在特征栏注明
YS2014		是一个多通或多分支点，请在特征栏注明
YS2017		是一个多通或多分支点，请在特征栏注明
YS2020		是一个多通或多分支点，请在特征栏注明
YS2038		是一个多通或多分支点，请在特征栏注明
YS2041		是一个多通或多分支点，请在特征栏注明
YSB1903		是一个变径点同时又只在一个方向上连接其它管线点 ，请检
YSB1904		是一个变径点同时又只在一个方向上连接其它管线点 ，请检
		污水管线(WS)线属性表连接关系检查:

图 6–12　检查结果信息显示界面

7）断面图分析

断面图分析模块提供了横断面和纵断面分析功能，可以提供任意地点（包括交叉口）的横（斜）断面图，并详细标注管线的断面尺寸、材料、高程、管线之间的间距等属性。图 6–13 是断面图分析结果。

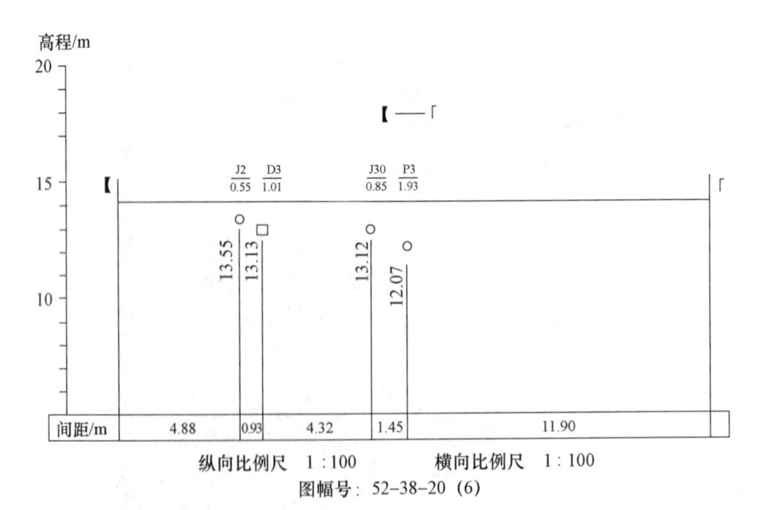

图 6–13　断面图分析结果

8）统计

GMPS 为用户提供有管线点统计和管线长度统计功能，图 6–14 是管线点数量统计界面。

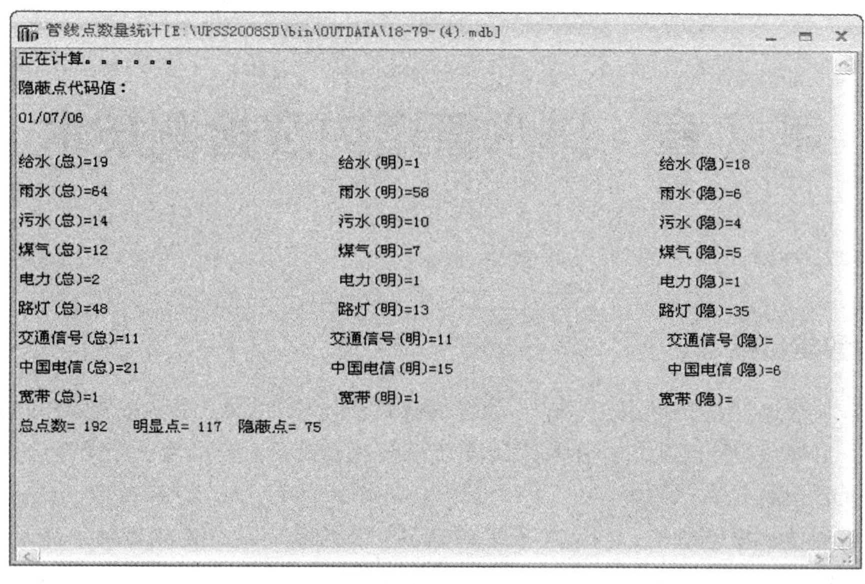

图 6–14　管线点数量统计界面

9）数据库操作

GMPS 为用户提供有分解数据库、合并数据库的功能，其数据转换功能如图 6–15 所示。

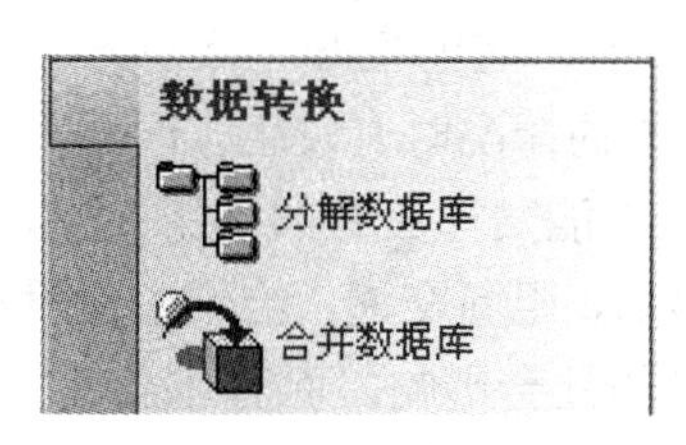

图 6–15　数据转换功能

系统可以根据点号、组号或图幅号对数据库进行分解，或对多个数据库进行合并，并把数据库转换成需要的格式。

习题与思考 6

（1）请画出地下管线数据处理流程图。

（2）地下管线数据处理包括哪些工作内容？

（3）管线图绘制包括哪些工作内容？

（4）地下管线数据处理软件一般应该具备哪些功能？

（5）地下管线数据为什么必须进行逻辑查错？主要检查项有哪些？

第 7 章　排水管道内窥检测技术

教学目标

（1）掌握管道潜望镜检测（QV）、管道电视检测（CCTV）、声呐检测（SONAR）的应用方法和应用领域，特别是三种技术方法在使用领域上的区别，以便选择最适合工程施工的有效、合适的检测方法。

（2）熟悉排水管道缺陷的判别及等级的确定，为后续的管道运维提供依据。

7.1 概　　述

排水管道被称为"城市生命线"，它的良好运行与人们生活息息相关。在施工和运营过程中，管道破裂、变形，甚至塌方的情况时有发生；同时，不均匀沉降及环境因素引起的管道错口、脱节，会导致排水管道不能发挥应有的作用；排水管道内渗漏（infiltration）导致的管道脱空，甚至会引起道路塌陷，阻断交通，给城市建设和人民生活带来不便。所有这些不但会造成经济损失，产生不良的社会影响，而且也会使人民生命财产安全受到严重威胁。近几年，因排水不及而引起的城市内涝事件时有发生，迫切要求我们疏通"城市生命线"，解决排水隐患。

为了能够最大限度地发挥现有管道的排水能力，保证排水管道的良好运行，需要对现有的排水管道进行周期性检测，及时发现排水管道存在的安全隐患，为制订管网养护计划和修复计划提供依据。

排水管道内部的缺陷分为结构性缺陷和功能性缺陷两大类。结构性缺陷指管道本身的状况出现问题，例如管道接头、管壁、管基础状况等，该项指标与管道的结构强度和使用寿命密切相关；功能性缺陷指管道运行中出现的状况，例如管壁上集结油脂、管内泥沙沉积等，它与管道的过水能力相关，通常可以通过管道养护疏通而使性能得到改善，对管道的寿命影响不大。

传统的排水管道结构状况和功能状况的检查方法，受到很多因素制约，检查效果差，成本高，资料存储困难。目前主流的排水管道检测技术有如下 3 种。

1. 管道潜望镜检测

管道潜望镜检测（pipe quick view inspection），简称 QV 检测，又名"视频检测仪检测"或"管道内窥镜检测"，是一款新型的影像快速检测系统。该产品采用工业级高分辨率彩色摄像系统和便携式智能控制影像录制处理终端，配备强力照明光源和高强度伸缩加长杆，可对各种隐蔽空间、水下、易燃、易爆、辐射等高危场所进行实时影像检测并记录。

QV检测目前已广泛应用于国内外市政管道、燃气管道、石油管道、电力、电信和野外侦查、灾难搜救等检测领域。

2. 管道电视检测

管道电视检测（closed circuit television inspection），简称CCTV检测，是一款基于工控机系统设计的产品，采用笔记本电脑代替传统主控，可在检测过程中抓取缺陷图像，检测完成后，可立即得到检测报告。

此外，使用管道电视检测技术，可以在检测的过程中实时获取管道的坡度曲线，以此判断管道内部沉积情况。使用鱼眼镜头并结合管道全景检测视频分析软件可生成管道内壁的全景图像，以便进行更加精细、可量化（测量管径、裂缝宽度等）的分析和判读。

管道电视检测系统由爬行器、镜头、电缆盘和控制系统4部分组成。其中，爬行器可搭载不同规格型号的镜头（如旋转镜头、直视镜头、鱼眼镜头），通过电缆盘与控制系统连接后，响应控制系统的操作命令，如爬行器的前进、后退、转向、停止、速度调节，镜头座的抬升、下降，灯光调节，镜头的水平或垂直旋转、调焦、变倍、前后视切换等。

3. 声呐检测

声呐检测（sonar inspection）又名管道声呐检测仪检测，简称SONAR检测。当管道处于满水状态，且不具备降低水位条件时，采用视频检测手段已无法取得较好的检测效果，而管道声呐成像仪正好适于检测这类管道。

管道声呐成像仪能够对管道大多数结构性缺陷（如变形、塌陷、破裂、结垢、支管暗接等）和管道功能性缺陷（如沉积、漂浮物）进行准确的检测，并可采用软件工具进行测量分析。

管道声呐成像仪由声呐头、电缆盘、主机、管道声呐检测成像分析软件4部分构成。其采用声呐成像技术，将水下扫描单元（声呐头）置于管道内部的水下（满管、半管均可），采用爬行器或人工拖拽的方式驱动（可滑行、漂浮）在管道内移动。

4. 3种技术的比较

管道内窥检测技术的出现，不但节省大量人力、物力，还大幅度地提高工作效率，使用管道内窥检测技术检测，无须人员下井，保证了施工人员安全，同时能够实时提供影像数据，准确地检测出管道结构状况和功能状况，且资料便于保存。目前，以CCTV检测为主的内窥检测技术已不仅在旧管道状况普查中广泛使用，在新建排水管道移交验收检查中也发挥了重要作用；QV检测可以定义为CCTV检测的辅助检测，虽然它不受管道内恶劣环境的影响，但其检测的局限性决定了它不能作为管道检测的主要技术，如检测距离短、管道必须为标准直线、缺陷位置定位精度差等；声呐检测可在管道内水位偏高时代替CCTV检测进行检测。

7.2 管道潜望镜检测

7.2.1 一般规定

① 管道潜望镜检测宜用于对管道内部状况进行初步判定。

② 管道潜望镜检测时，管内水位不宜大于管径的 1/2，管段长度不宜大于 50 m。有下列情形之一时应中止检测：

a）管道潜望镜检测仪器的光源不能够保证影像清晰度时；

b）镜头沾有泥浆、水沫或其他杂物等影响图像质量时；

c）镜头浸入水中，无法看清管道状况时；

d）管道充满雾气，影响图像质量时；

e）其他原因无法正常检测时。

管道潜望镜实拍图像如图 7–1 所示，因 QV 图像分辨率不高，所以难以对缺陷进行准确定性，仅可作为管道存在问题初步评估的依据。

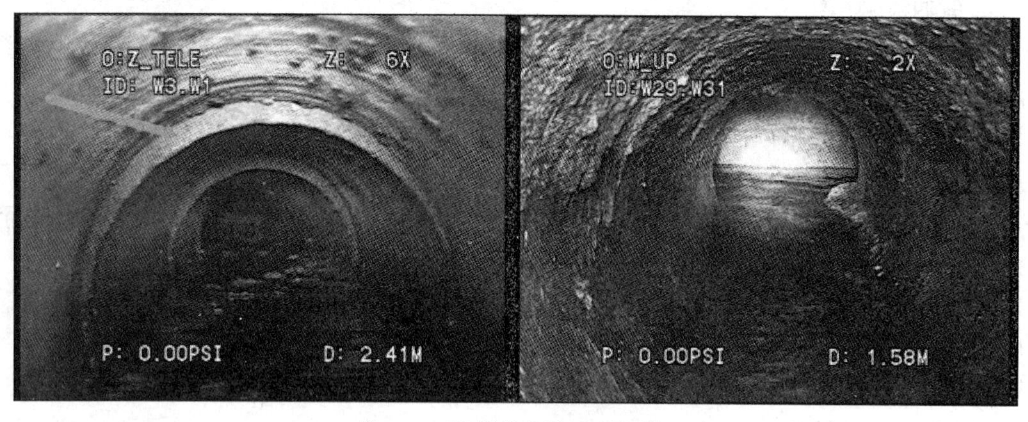

图 7–1 管道潜望镜实拍图像

7.2.2 检测设备

管道潜望镜检测设备应坚固、抗碰撞、防水、密封良好，应可以快速、牢固地安装与拆卸，应能够在 0～50 ℃的气温条件下和潮湿、恶劣的排水管道环境中正常工作。

管道潜望镜检测设备主要技术指标应符合表 7–1 的规定。

表 7–1 管道潜望镜检测设备主要技术指标

项目	技术指标
图像传感器	≥1/4"，CCD，彩色
灵敏度（最低感光度）	≤3 lx

续表

项目	技术指标
视角	≥45°
分辨率	≥640×480
照度	不低于 10 倍 LED 照度
图像变形	–5%～5%
变焦范围	光学变焦≥10 倍，数字变焦≥10 倍
存储	录像编码格式：MPEG4、AVI 照片格式：JPEG

录制的影像资料应能够在计算机上进行存储、回放和截图等操作。

7.2.3　检测方法

① 镜头中心应保持在管道竖向中心线的水面以上。

② 拍摄管道时，变动焦距不宜过快。拍摄缺陷时，应保持摄像头静止，调节焦距，并连续、清晰地拍摄 10 s 以上。

③ 拍摄、检查井内壁时，应保持摄像头无盲点地均匀慢速移动。拍摄缺陷时，应保持摄像头静止，并连续拍摄 10 s 以上。

④ 对各种缺陷、特殊结构和检测状况，应做详细判读和记录，并应按《城镇排水管道检测与评估技术规程》（CJJ 181—2012）要求的格式填写现场记录表。

⑤ 现场检测完毕后，应由相关人员对检测资料进行复核，并签名确认。

7.3　管道电视检测

7.3.1　一般规定

① 电视检测不应带水作业。当现场条件无法满足时，应采取降低水位措施，确保管道内水位不大于管道直径的 20%。

② 当管道内水位不符合要求时，检测前应对管道实施封堵、导流，使管道内水位满足检测要求。

③ 在进行结构性检测前，应对被检测管道做疏通、清洗工作。

④ 当有下列情形之一时应中止检测：

a）爬行器在管道内无法行走或推杆在管道内无法推进时；

b）镜头沾有污物时；

c）镜头浸入水中时；

d）管道内充满雾气，影响图像质量时；

e）其他原因无法正常检测时。

CCTV 检测图像如图 7–2、图 7–3 所示。CCTV 检测图像能够清晰地反映管道缺陷，并能对缺陷进行定位和定级，其成果可作为排水管道评估的最终依据。

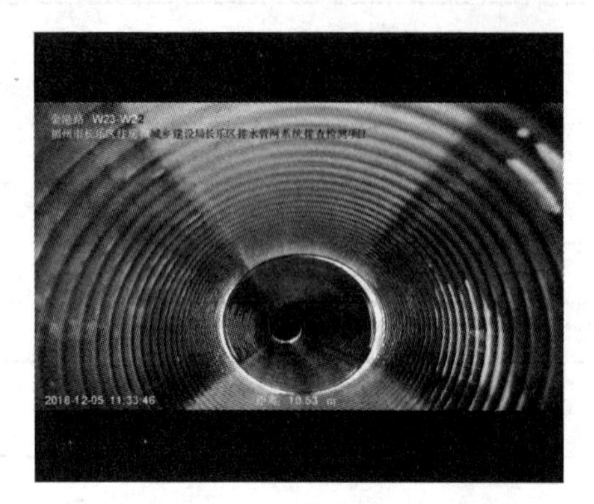

图 7–2　CCTV 检测图像（正常）

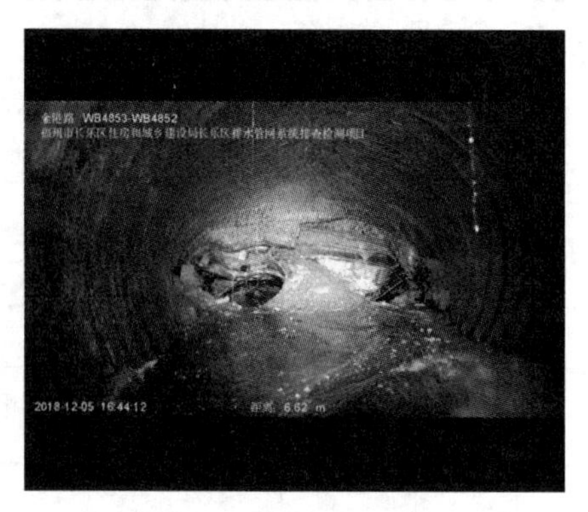

图 7–3　CCTV 检测图像（4 级坍塌）

7.3.2　检测方法

1. 检测前的工作准备

1）资料收集

施工单位在对管道进行检测、养护前，必须掌握管道的地理位置信息、历史检测记录信息、已有的排水管道图等技术资料，具体如下：

① 管道检测的历史资料；

② 待检测管道区域内相关的管线资料；

③ 待检测管道区域内的工程地质、水文地质资料；

④ 评估所需的其他相关资料。

2）现场踏勘

施工单位在拿到待检测管道的地下空间管道图等资料后，需进行现场踏勘，勘查内容如下：

① 察看管道区域内的地物、地貌、交通状况等环境条件；

② 检查管道口的水位、淤积情况，检查井内构造等情况；

③ 核对检查井位置、管道埋深、管径、管材等资料。

3）制定检测方案

针对待测管道，基于所了解的信息资料，制定合理的检测方案，方案包括：

① 检测的任务、目的、范围和工期；

② 待检测管道的概况（包括现场交通条件及对历史资料的分析）；

③ 检测方法的选择及实施过程的控制；

④ 安全文明施工等保证体系与具体措施；

⑤ 工作量估算及工作进度计划；

⑥ 人员组织、设备、材料计划；

⑦ 拟提交的成果资料；

⑧ 可能存在的问题和对策。

2. 检测流程

管道电视检测流程如图 7–4 所示。

现场踏勘	接到任务单后，需知悉检测目的，去现场了解检测范围及管道直径、埋深、水位、连接关系、流向、流量等信息，有助于制定适宜的检测方案。
围蔽现场	施工现场设立围栏和安全标志，必要时须按道路交通管理部门的指示封闭道路后再作业。
开井通风	打开井盖后，首先保证检测管道通风。在井口工作或必须的下井工作之前，要使用有毒、有害气体检测仪进行检测，在确定井内无毒害气体后方可开展检测工作。
预处理	管道预处理主要包括封堵、吸污、清洗、抽水等，目的是使管道内水位、淤积情况达到检测条件，获得管内壁真实影像（如果管道已达到检测条件，可省略该步骤）。
仪器自检	下井前，必须进行仪器设备自检工作，确保检测过程中仪器不会出现故障。
CCTV检测	先将 CCTV 检测镜头送入已清疏的排水管口，并录入屏幕弹幕，然后开始检测。检测过程中，遇到缺陷时，在缺陷点处停留10 s以上，并抓拍记录下来。
仪器清洁	检测完成后，需对CCTV爬行器及电缆进行清洗。收电缆时，应该用布清洁电缆上的水和污物。
编制报告	对CCTV检测结果进行评估并形成报告。

图 7–4　管道电视检测流程

7.3.3　设备要求

1. 检测设备的基本性能要求

检测设备的基本性能应符合下列规定：

① 摄像镜头应具有平扫与旋转、仰俯与旋转、变焦功能，摄像镜头高度应可以自由调整；

② 爬行器应具有前进、后退、空档、变速、防侧翻等功能，轮径大小、轮间距应可以根据被检测管道的大小进行更换或调整；

③ 主控制器应具有在监视器上同步显示日期、时间、管径、在管道内行进距离等信息的功能，并可以进行数据处理；

④ 灯光强度应能调节。

2. 检测设备的主要技术指标

CCTV 检测设备的主要技术指标应符合表 7–2 的规定。

表 7–2　CCTV 检测设备的主要技术指标

项目	技术指标
图像传感器	≥1/4″，CCD，彩色
灵敏度（最低感光度）	≤3 lx
视角	≥45°
分辨率	≥640×480
照度	不低于 10 倍 LED 照度
图像变形	–5%～5%
爬行器	电缆长度为 120 m 时，爬坡能力应大于 5°
电缆抗拉力	≥2 kN
存储	录像编码格式：MPEG4、AVI 照片格式：JPEG

3. 其他要求

① 检测设备应结构坚固，密封良好，能在 0～50 ℃的气温条件下和潮湿的环境中正常工作。

② 检测设备应具备测距功能，电缆计数器的计量单位不应大于 0.1 m。

7.3.4　技术要求

① 爬行器的行进方向宜与水流方向一致。

② 管径不大于 200 mm 时，直向摄影的行进速度不宜超过 0.1 m/s；管径大于 200 mm 时，直向摄影的行进速度不宜超过 0.15 m/s。

③ 检测时，摄像镜头移动轨迹应在管道中轴线上，偏离度不应大于管径的 10%。当对特殊形状的管道进行检测时，应适当调整摄像头位置，并获得最佳图像。

④ 将载有摄像镜头的爬行器安放在检测起始位置后，在开始检测前，应将计数器归零。

⑤ 当检测起点与管段起点位置不一致时，应做距离补偿设置。

⑥ 每一管段检测完成后，应根据电缆上的标记长度对计数器显示数值进行修正。

⑦ 直向摄影过程中，图像应保持正向水平，中途不应改变拍摄角度和焦距。

⑧ 在爬行器行进过程中，不应使用摄像镜头的变焦功能。当使用变焦功能时，爬行器应保持在静止状态。当需要爬行器继续行进时，应先将镜头的焦距恢复到最短焦距位置。

⑨ 侧向摄影时，爬行器宜停止行进，变动拍摄角度和焦距以获得最佳图像。

⑩ 管道检测过程中，录像资料不能产生画面暂停、记录间断、画面剪接的现象。

⑪ 在检测过程中，发现缺陷时，应使爬行器在完全能够解析缺陷的位置至少停留 10 s，确保所拍摄的图像清晰完整。

⑫ 对各种缺陷、特殊结构和检测状况应做详细判读和量测，并填写现场记录表（见表 7–3）。

表 7–3　排水管道检测现场记录表

任务名称：　　　　　　　　　　　　　　　　　　　　　　　　　　　第　　页　　　共　　页

录像文件		管段编号		→		检测方法	
敷设年代		起点埋深				终点埋深	
管段类型		管段材质				管段直径	
检测方向		管段长度				检测长度	
检测地点						检测日期	

距离/m	缺陷名称或代码	等级	位置	照片序号	备注
其他					

检测员：　　　　　　　　　　监督人员：　　　　　　　　校核员：　　　　　　　　　　年　　月　　日

7.4　管道声呐检测

7.4.1　基本原理

声呐为英文 SONAR 的音译，是 sound navigation and ranging 的缩写，是对水下物体进行探测和定位识别的方法及所用设备的总称。声呐检测主要是利用超声波能够在水中传播与反射的原理：通过对接收回传的超声波信号进行分析，最后绘制出排水管道的模拟横断面图，以显示排水管道内部缺陷的位置及深度。该技术适用于充满度较高、CCTV 检测难以进行的污水管道，适用于直径（断面尺寸）在 125～3 000 mm 范围内各种材质的管道。声呐系统可辨认并定位管道内部的沉积物、凝结物，同时能对宽度大于 3 mm 的开放（通透）型裂隙进行检测和定位。专用软件系统可以实现 3D 效果，管内断面数据位置坐标为（x，y），已检测的路线距离用 z 坐标表示，连续记录的检测数据可以以立体图的方式在计算机上显示，检测结果直观。

声呐系统的水下扫描传感器可在 0～40 ℃的环境下正常工作。用于工程检测的声呐系统的解析能力强，数据更新速度快；2 MHz 频率的声音信号经放大后以对数形式压缩，压缩之后的数据通过 Flash A/D 转换器转换为数字信号；检测系统的角分辨率为 0.9°，即该系统将一次检测的一个循环（圆周）分为 400 个单元；而每个单元又可分解成 250 个单位；因此，在 125 mm 的管径上，分辨率为 0.5 mm，而在长达 3 m 的极限范围上也可测得 12 mm 的分辨率，可以满足市政、企业排水管（渠）检测的要求。声呐图像如图 7–5、图 7–6 所示。

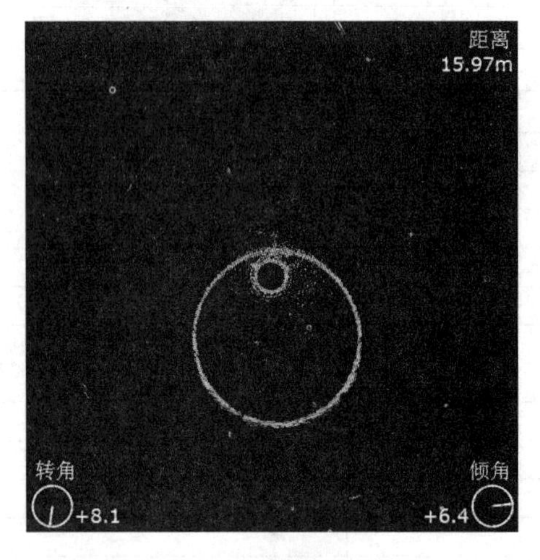

图 7–5　声呐图像（正常）

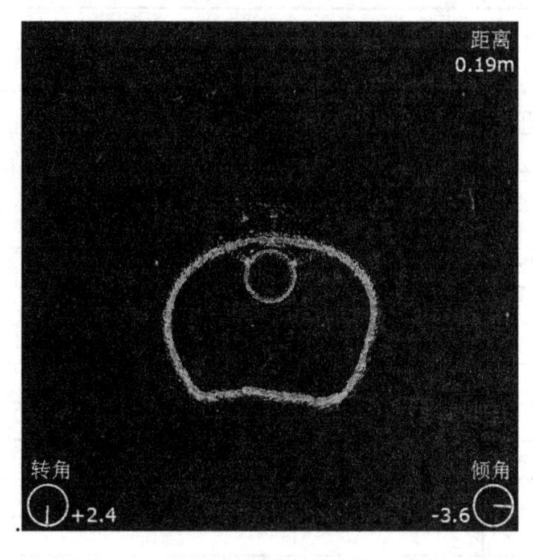

图 7–6　声呐图像（变形、沉积）

7.4.2　一般规定

① 检测时，管道内水位应大于 300 mm。

② 当有下列情形之一时应中止检测：

a）探头受阻无法正常前行工作时；

b）探头被水中异物缠绕或遮盖，无法显示完整的检测断面时；

c）探头埋入泥沙致使图像变异时；

d）其他原因无法正常检测时。

③ 声呐检测截取的轮廓图应标明管道轮廓线、管径、管道积泥深度线等信息。

④ 声呐轮廓图不应作为结构性缺陷的最终评判依据，应采用管道电视检测方式予以核实或以其他方式检测评估。

7.4.3　检测设备

① 检测设备应与管径相适应，探头在承载设备负重后不易滚动或倾斜。

② 声呐系统的主要技术参数应符合下列规定：

a）扫描范围应大于所需检测的管道规格；

b）125 mm 范围的分辨率应小于 0.5 mm；

c）每密位均匀采样点数量不应小于 250 个。

③ 设备的倾斜传感器、滚动传感器应具备在±45° 内的自动补偿功能。

④ 设备应结构坚固、密封良好，应能在 0～40 ℃的温度条件下正常工作。

7.4.4　检测方法

① 检测前，应从被检管道中取水样，通过实测声波速度对系统进行校准。

② 声呐探头的推进方向宜与水流方向一致，并应与管道轴线一致，滚动传感器标志应朝正上方。

③ 声呐探头安放在检测起始位置后，在开始检测前，应将计数器归零，并应调整电缆，使之处于自然绷紧状态。

④ 声呐检测时，在管段起始、终止检查井处，应进行长度为 2～3 m 的重复检测。

⑤ 承载工具宜采用在声呐探头位置镂空的漂浮器。

⑥ 在声呐探头前进或后退时，电缆应保持自然绷紧状态。

⑦ 根据管径的不同，应按表 7–4 选择不同的脉冲宽度。

⑧ 探头行进速度不宜超过 0.1 m/s。在检测过程中，应根据被检测管道的规格，在规定采样间隔和管道变异处，使探头停止行进，定点采集数据，停顿时间应大于一个扫描周期。

⑨ 以普查为目的的采样点，间距宜为 5 m。其他检查采样点，间距宜为 2 m。存在异常的管段，应加密采样。

表 7–4　脉冲宽度选择标准

管径范围/mm	脉冲宽度/μs
300～500	4
500～1 000	8
1 000～1 500	12
1 500～2 000	16
2 000～3 000	20

7.4.5　穿绳方法

声呐检测的仪器需要以绳子拉动为牵引力，因此穿绳是实施管道内检测工作的前提步骤，即将绳子从一个井穿过管道送到另一个井。穿绳也是内检测工作的一个难点，穿绳方法包括漂瓶法、高压水枪法、牵引器穿绳法等，这些方法各有优缺点，可以根据管道情况灵活选择。

1. 漂瓶法

漂瓶法简单、高效，即利用悬浮的水瓶带动绳子往管中漂动行进，但只适用于有水流的管道，静水中无法使用。对埋深超过 5 m 的管道，实现起来比较困难。

2. 高压水枪法

将绳子固定在高压水枪头上，利用水枪喷射出高压水流，冲走管道垃圾、淤泥等，并带

动绳子往前挪进。其缺点是不适用于长距离管段，管道淤积严重时也很难穿过。

3. 牵引器穿绳法

牵引设备通过电池供电，将绳子固定在牵引设备上，使牵引设备尾端的螺旋桨转动，推动设备带着绳子往前行进。优点是牵引动力大，在管道无严重堵塞的情况下基本能顺利完成穿绳，但由于该设备体积较大，只适用于管径 500 mm 以上的管道。

7.5 管道缺陷的判读与评估

7.5.1 管道缺陷的定义

1. 结构性缺陷

结构性缺陷指的是管道结构本体遭受损伤，影响管道的强度、刚度和使用寿命的缺陷。排水管道检测中，结构性缺陷包括变形、起伏、错口、渗漏、腐蚀、支管暗接、异物侵入等类别，主要依靠新管替换、旧管修复等方法治理结构性缺陷。

2. 功能性缺陷

功能性缺陷指的是导致管道过水断面发生变化，影响畅通性能的缺陷。排水管道检测中，功能性缺陷包括沉积、结垢、障碍物、树根、洼水、坝头、浮渣等类别，主要依靠清淤养护等方法治理功能性缺陷。

7.5.2 管道缺陷的表示方法

管道电视检测的定位，依靠距离和位置两个参数来确定缺陷在管道中的位置。

1. 距离（长度）表示

距离指的是 CCTV 摄像头拍摄到的缺陷点距检测起点（检修井管道口）的长度。检测管道时，常采用电子计距器实时记录检测的距离。

图 7–7 中的两幅图，均表示如何摆放摄像头，从而准确计算检测距离以及管道缺陷的实际位置。计距器安装在线架上，在监视器上同步显示爬行器在管道内行走的距离。

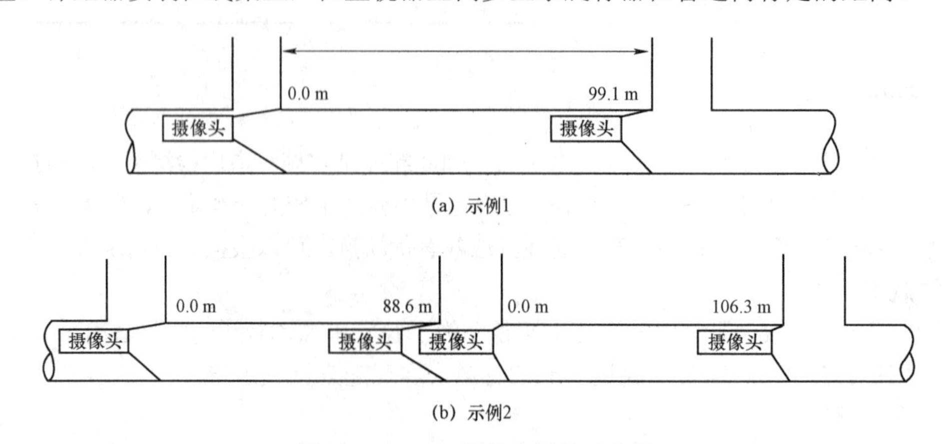

图 7–7 CCTV 摄像头摆放示意图

2. 时钟位置表示

管道缺陷的环向位置采用时钟表示法。通常，我们检测的管道为圆形，因此用时钟来表示管道缺陷位置，最为形象、直观、准确，如图 7–8 所示。

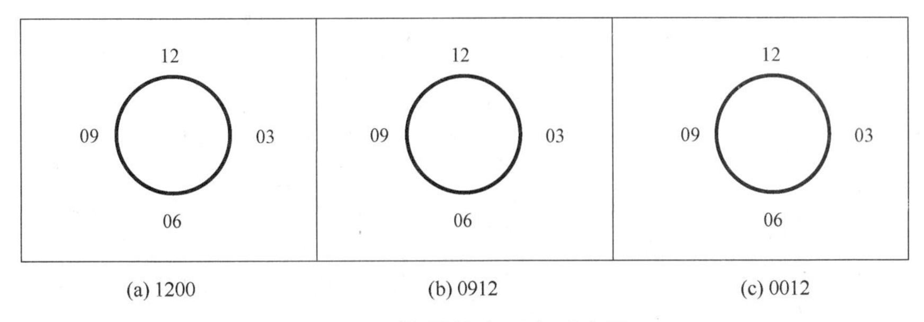

(a) 1200　(b) 0912　(c) 0012

图 7–8　管道缺陷环向示意图

缺陷描述应按照顺时针方向的钟点数，采用 4 位阿拉伯数字表示起止位置，前两位数字表示缺陷起始位置，后两位数字表示缺陷终止位置。如缺陷从管道的 9 点位置起到 12 点位置结束，标识为 0912；当缺陷位于某一点上时，前两位数字用 00 表示，后两位数字表示缺陷点位置，如在 12 点位置，标识为 0012；1200 则表示缺陷覆盖管道整个环向方位。

7.5.3　管道缺陷的相关规定

1. 管道缺陷

管道缺陷分结构性缺陷和功能性缺陷，每种缺陷又细分为 4 级，见表 7–5。

表 7–5　管道缺陷等级表

缺陷性质	等级			
	1	2	3	4
结构性缺陷	轻微缺陷	中等缺陷	严重缺陷	重大缺陷
功能性缺陷	轻微缺陷	中等缺陷	严重缺陷	重大缺陷

2. 结构性缺陷

管道结构性缺陷等级评定应符合表 7–6 的规定。

表 7–6　管道结构性缺陷的等级评定标准

等级	缺陷参数 F	损坏状况描述
Ⅰ	$F\leqslant 1$	无缺陷或有轻微缺陷，结构状况基本不受影响，但具有潜在变坏的可能
Ⅱ	$1<F\leqslant 3$	管段缺陷明显超过一级，具有变坏的趋势
Ⅲ	$3<F\leqslant 6$	管段缺陷严重，结构受到影响
Ⅳ	$F>6$	管段存在重大缺陷，损坏严重或即将导致破坏

管道结构性缺陷分为10类，详见表7–7。

表7–7 管道结构性缺陷分类

缺陷名称	缺陷代码	缺陷定义	缺陷等级	缺陷描述	分值
破裂	PL	管道的外部压力超过自身的承受力，致使管子发生破裂。其形式有纵向、环向和复合3种	1	裂痕——当下列一个或多个情况存在时： ① 在管壁上可见细裂痕； ② 在管壁上由细裂缝处冒出少量沉积物； ③ 轻度剥落	0.5
			2	裂口——破裂处已形成明显间隙，但管道的形状未受影响，且破裂无脱落	2
			3	破碎——管壁破裂，或脱落处所剩碎片的环向覆盖范围不大于60°弧长	5
			4	坍塌——当下列一个或多个情况存在时： ① 管道材料裂痕、裂口或破碎处边缘环向覆盖范围大于60°弧长； ② 管壁材料发生脱落的环向范围大于60°弧长	10
变形	BX	管道受外力挤压造成形状变异	1	变形率不大于管道直径的5%	1
			2	变形率为管道直径的5%～15%	2
			3	变形率为管道直径的15%～25%	5
			4	变形率大于管道直径的25%	10
腐蚀	FS	管道内壁受侵蚀而流失或剥落，出现麻面或露出钢筋	1	轻度腐蚀：表面轻微剥落，管壁出现凹凸面	0.5
			2	中度腐蚀：表面剥落，显露粗骨料或钢筋	2
			3	重度腐蚀：粗骨料或钢筋完全显露	5
错口	CK	同一接口的两个管口产生横向偏差，未处于管道的正确位置	1	轻度错口：相接的两个管口偏差不大于管壁厚度的1/2	0.5
			2	中度错口：相接的两个管口偏差为管壁厚度的1/2～1倍	2
			3	重度错口：相接的两个管口偏差为管壁厚度的1～2倍	5
			4	严重错口：相接的两个管口偏差为管壁厚度的2倍以上	10
起伏	QF	接口位置偏移，管道竖向位置发生变化，在低处形成洼水	1	起伏高/管径≤20%	0.5
			2	20%＜起伏高/管径≤35%	2
			3	35%＜起伏高/管径≤50%	5
			4	起伏高/管径＞50%	10
脱节	TJ	两根管道的端部未充分接合或接口脱离	1	轻度脱节：管道端部有少量泥土挤入	1
			2	中度脱节：脱节距离不大于20 mm	3
			3	重度脱节：脱节距离为20～50 mm	5
			4	严重脱节：脱节距离为50 mm以上	10
接口材料脱落	TL	橡胶圈、沥青、水泥等类似的接口材料进入管道	1	接口材料在管道内水平方向中心线上部可见	1
			2	接口材料在管道内水平方向中心线下部可见	3
支管暗接	AJ	支管未通过检查井直接侧向接入主管	1	支管进入主管内的长度不大于主管直径的10%	0.5
			2	支管进入主管内的长度在主管直径的10%～20%之间	2
			3	支管进入主管内的长度大于主管直径的20%	5

续表

缺陷名称	缺陷代码	缺陷定义	缺陷等级	缺陷描述	分值
异物穿入	CR	非管道系统附属设施的物体穿透管壁，进入管内	1	异物在管道内，且占用过水断面面积不大于 10%	0.5
			2	异物在管道内，且占用过水断面面积的 10%～30%	2
			3	异物在管道内，且占用过水断面面积大于 30%	5
渗漏	SL	管外的水流入管道	1	滴漏：水持续从缺陷点滴出，沿管壁流动	0.5
			2	线漏：水持续从缺陷点流出，并脱离管壁流动	2
			3	涌漏：水从缺陷点涌出，涌漏水面的面积不大于管道断面面积的 1/3	5
			4	喷漏：水从缺陷点大量涌出或喷出，喷漏水面的面积大于管道断面面积的 1/3	10

3. 功能性缺陷

管道功能性缺陷等级评定应符合表 7–8 的规定。

表 7–8　管道功能性缺陷的等级评定标准

等级	缺陷参数 G	运行状况说明
Ⅰ	$G \leqslant 1$	对管道过流无影响或有轻微影响，管道运行基本不受影响
Ⅱ	$1 < G \leqslant 3$	管道过流有一定的受阻，运行受影响不大
Ⅲ	$3 < G \leqslant 6$	管道过流受阻比较严重，运行受到明显影响
Ⅳ	$G > 6$	管道过流受阻很严重，即将或已经导致运行瘫痪

管道功能性缺陷分 6 类，详见表 7–9。

表 7–9　管道功能性缺陷分类

缺陷名称	缺陷代码	缺陷定义	缺陷等级	缺陷描述	分值
沉积	CJ	杂质在管道底部沉淀淤积	1	沉积物厚度为管径的 20%～30%	0.5
			2	沉积物厚度为管径的 30%～40%	2
			3	沉积物厚度为管径的 40%～50%	5
			4	沉积物厚度大于管径的 50%	10
结垢	JG	管道内壁上有附着物	1	① 硬质结垢造成的过水断面损失不大于 15% ② 软质结垢造成的过水断面损失在 15%～25%之间	0.5
			2	① 硬质结垢造成的过水断面损失在 15%～25%之间 ② 软质结垢造成的过水断面损失在 25%～50%之间	2
			3	① 硬质结垢造成的过水断面损失在 25%～50%之间 ② 软质结垢造成的过水断面损失在 50%～80%之间	5
			4	① 硬质结垢造成的过水断面损失大于 50% ② 软质结垢造成的过水断面损失大于 80%	10

续表

缺陷名称	缺陷代码	缺陷定义	缺陷等级	缺陷描述	分值
障碍物	ZW	管道内存在影响过流的阻挡物	1	过水断面损失不大于 15%	0.1
			2	过水断面损失在 15%～25%之间	2
			3	过水断面损失在 25%～50%之间	5
			4	过水断面损失大于 50%	10
残墙、坝根	CQ	管道闭水试验时用砌筑的临时砖墙封堵，试验后未拆除或拆除不彻底的遗留物	1	过水断面损失不大于 15%	1
			2	过水断面损失在 15%～25%之间	3
			3	过水断面损失在 25%～50%之间	5
			4	过水断面损失大于 50%	10
树根	SG	单根树根或树根群自然生长进入管道	1	过水断面损失不大于 15%	0.5
			2	过水断面损失在 15%～25%之间	2
			3	过水断面损失在 25%～50%之间	5
			4	过水断面损失大于 50%	10
浮渣	FZ	管道内水面上的漂浮物（该缺陷需记入检测记录表，不参与计算）	1	零星的漂浮物，漂浮物占水面面积不大于 30%	—
			2	较多的漂浮物，漂浮物占水面面积在 30%～60%之间	—
			3	大量的漂浮物，漂浮物占水面面积大于 60%	—

7.5.4 管道缺陷的图解说明

1. 管道结构性缺陷的图解说明

管道结构性缺陷图解说明如表 7–10 所示。

表 7–10 管道结构性缺陷图解说明

缺陷名称	缺陷等级与示例图片	
破裂（PL）	等级 1（裂痕）	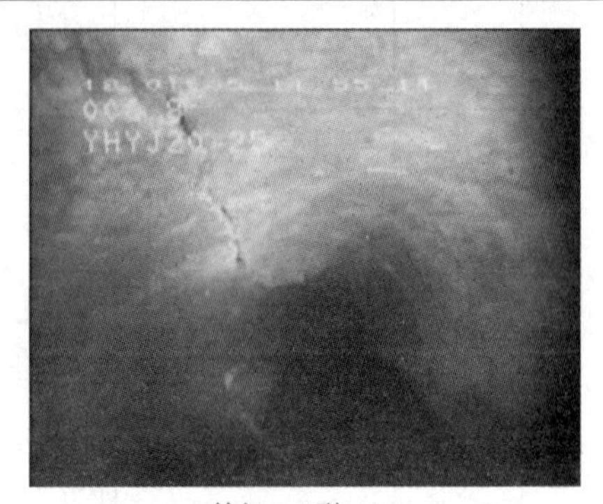 等级 2（裂口）

续表

缺陷名称	缺陷等级与示例图片	
破裂（PL）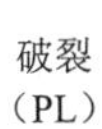	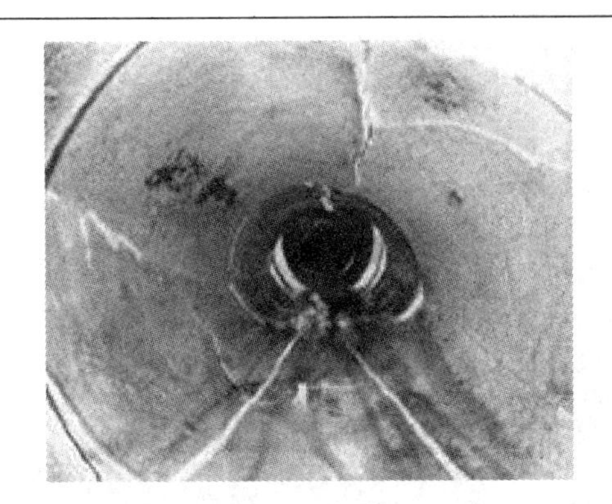 等级 3（破碎）	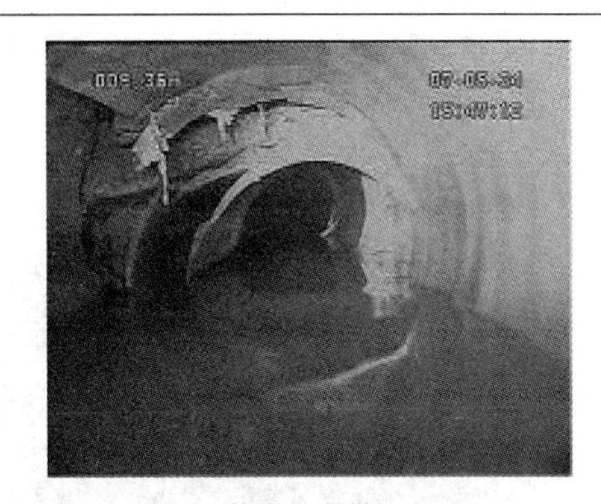 等级 4（坍塌）
变形（BX）	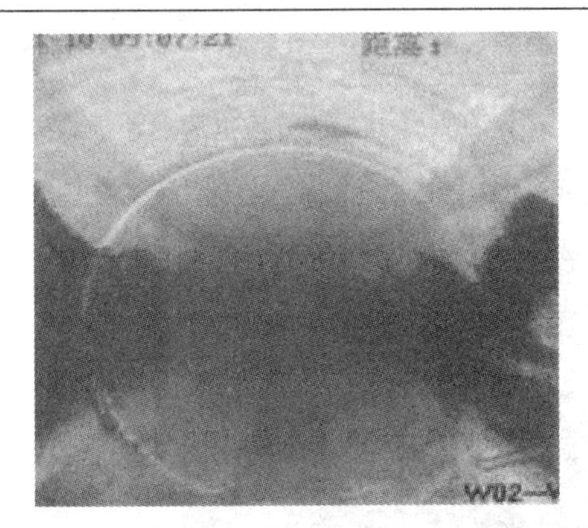 等级 1（变形率≤5%）	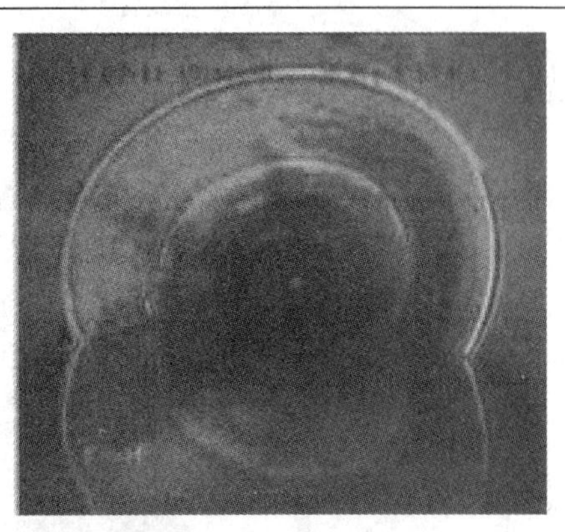 等级 2（5%＜变形率≤15%）
	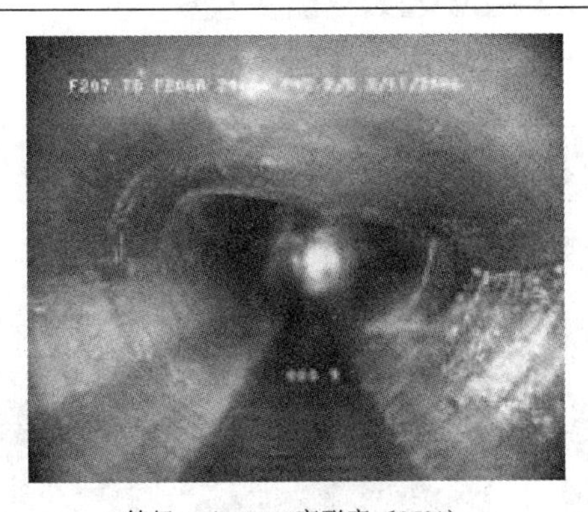 等级 3（15%＜变形率≤25%）	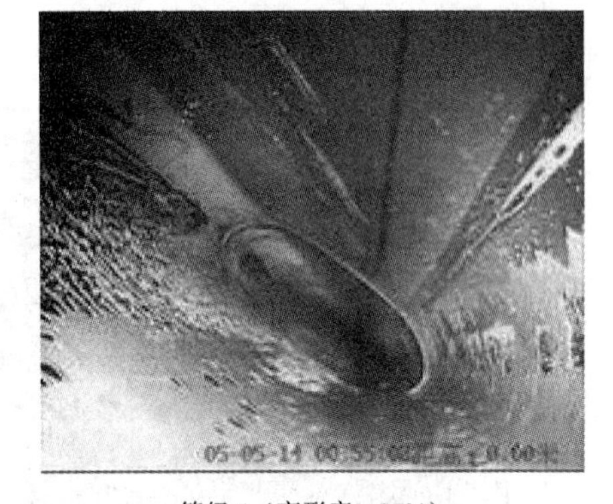 等级 4（变形率＞25%）
	缺陷描述说明： （1）此类型的缺陷只适用于柔性管； （2）变形的百分比确认需以实际测量为基础； （3）变形率 $k=\frac{管内径-变形后最小内径}{管内径}\times100\%$	

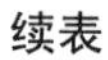

续表

缺陷名称	缺陷等级与示例图片	
腐蚀（FS）	 等级 1（轻度腐蚀）	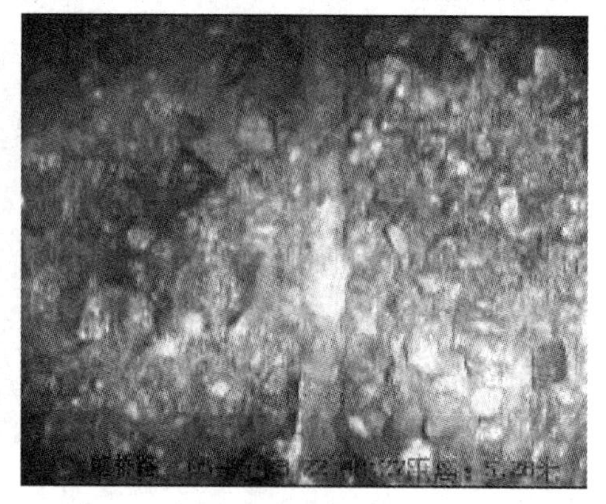 等级 2（中度腐蚀）
	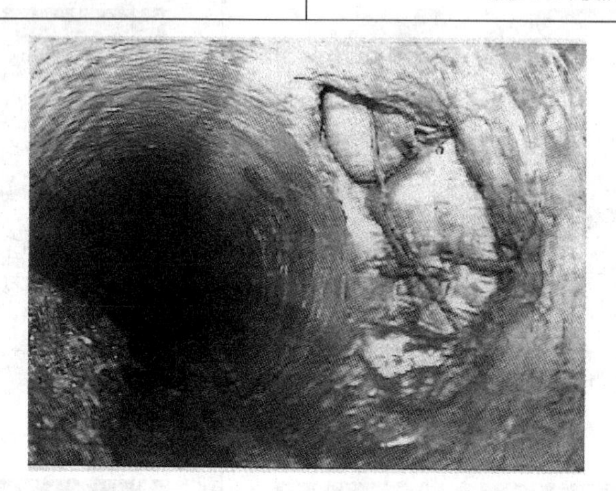 等级 3（重度腐蚀）	
错口（CK）	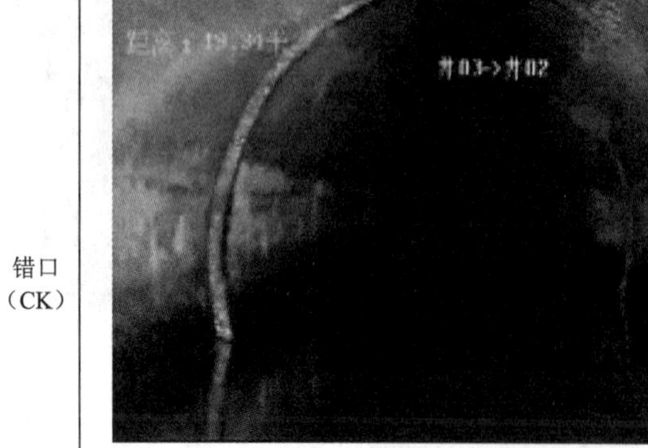 等级 1（轻度错口） （相接的两个管口，偏差小于管壁厚度的 1/2）	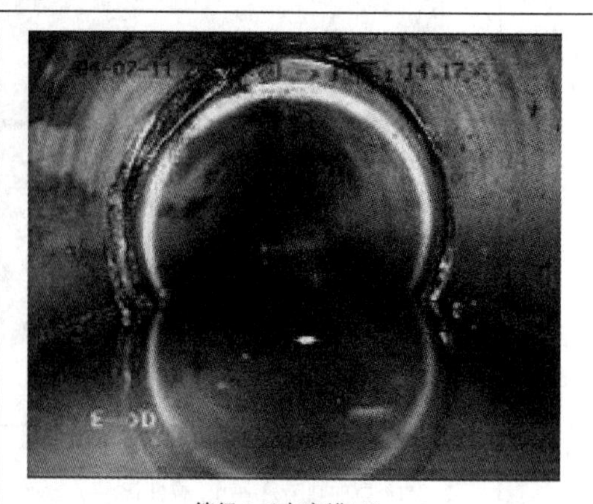 等级 2（中度错口） （相接的两个管口，偏差大于管壁厚度的 1/2，但小于管壁厚度）

续表

<table>
<tr><th>缺陷名称</th><th colspan="2">缺陷等级与示例图片</th></tr>
<tr><td rowspan="2">错口（CK）</td><td> 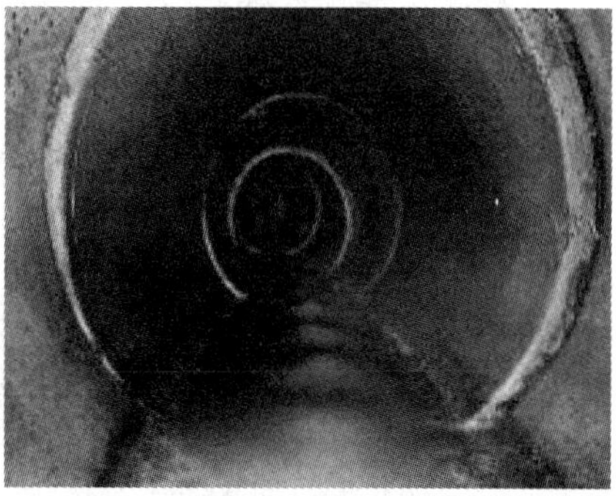等级 3（重度错口）
（相接的两个管口，偏差为管壁厚度的 1～2 倍）</td><td> 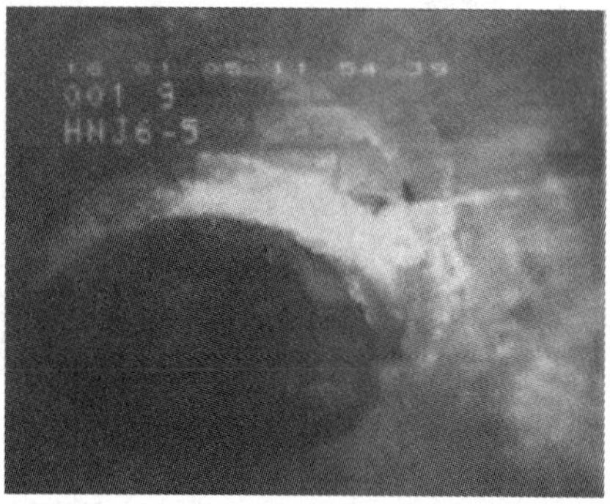等级 4（严重错口）
（相接的两个管口，偏差为管壁厚度的 2 倍以上）</td></tr>
<tr><td> 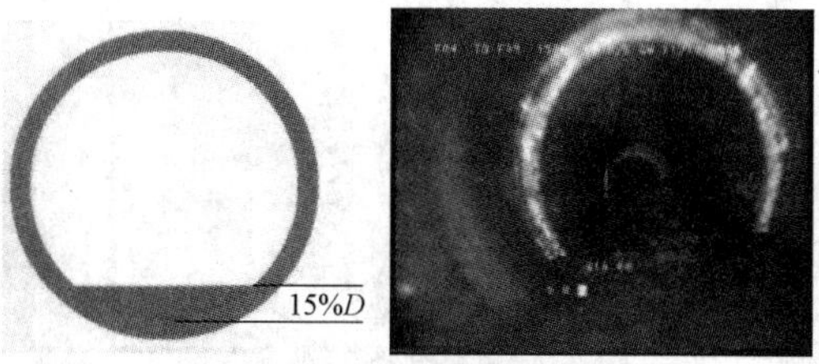15%D
等级 1（起伏高/管径≤20%）</td><td> 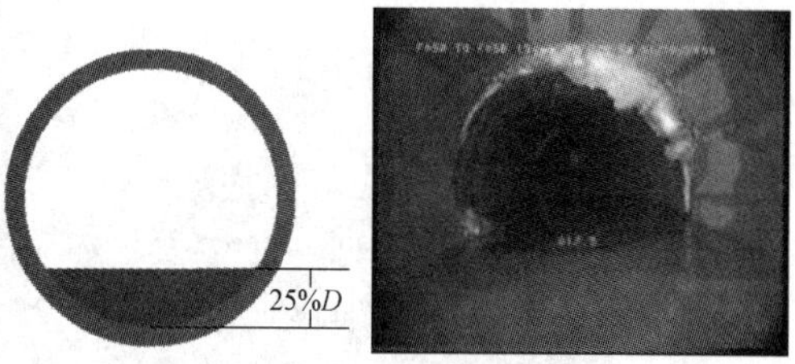25%D
等级 2（20%<起伏高/管径≤35%）</td></tr>
<tr><td rowspan="2">起伏（QF）</td><td> 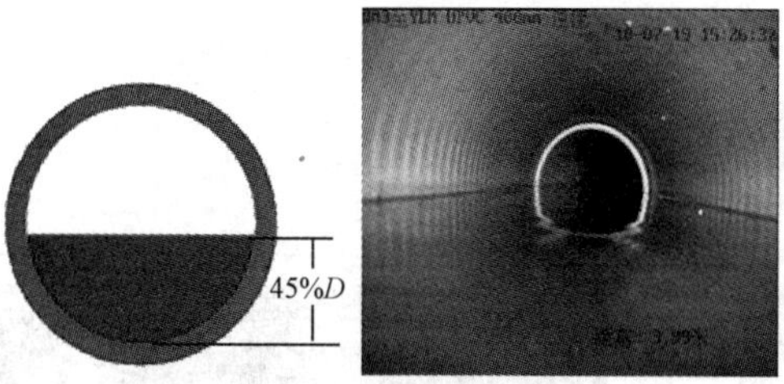45%D
等级 3（35%<起伏高/管径≤50%）</td><td> 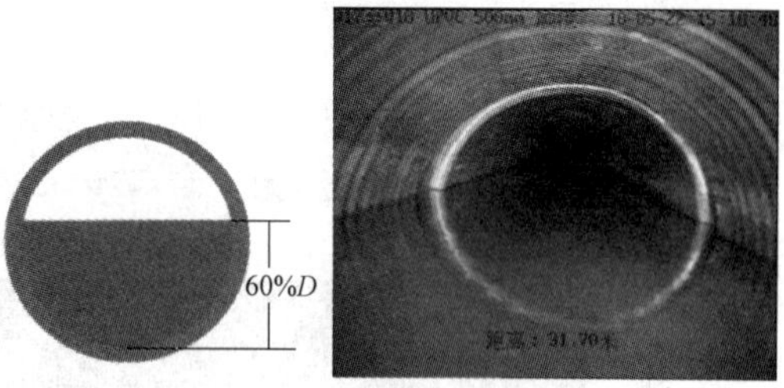60%D
等级 4（起伏高/管径>50%）</td></tr>
<tr><td colspan="2">缺陷描述： 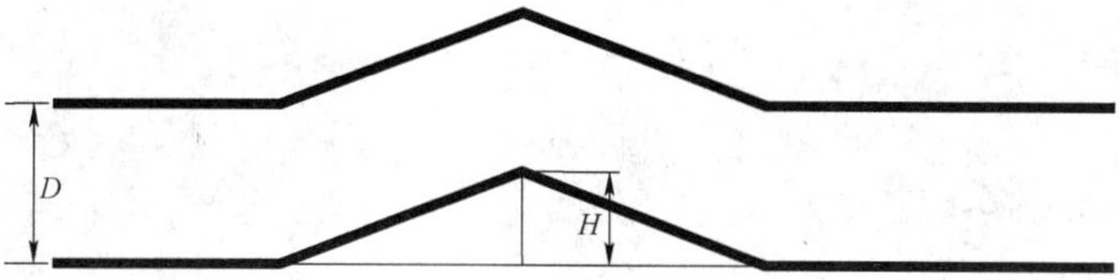
D　H
注：H 为起伏高，即管道偏离设计高度位置的大小；D 为管径</td></tr>
</table>

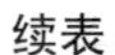
续表

<table>
<tr><th>缺陷名称</th><th colspan="2">缺陷等级与示例图片</th></tr>
<tr><td rowspan="3">脱节（TJ）</td><td>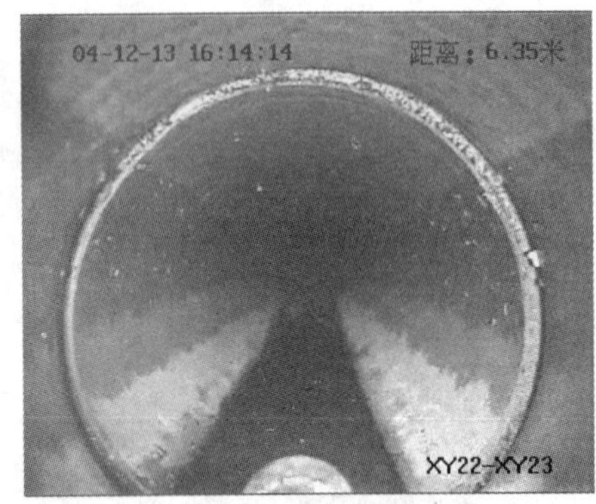

等级 1（轻度脱节：端部少量泥土挤入）</td><td>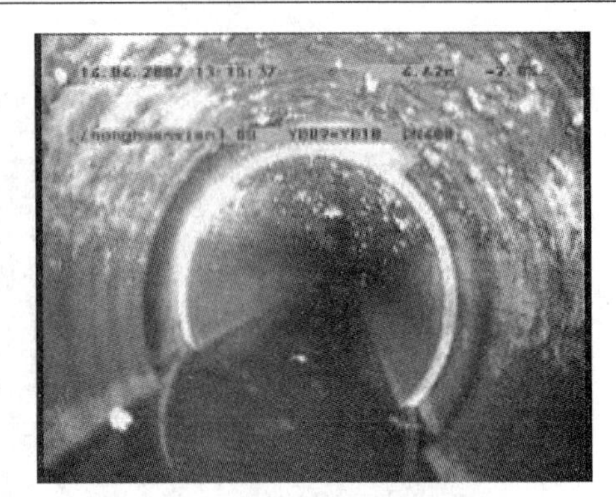
等级 2（中度脱节：$d \leqslant 20$ mm）</td></tr>
<tr><td>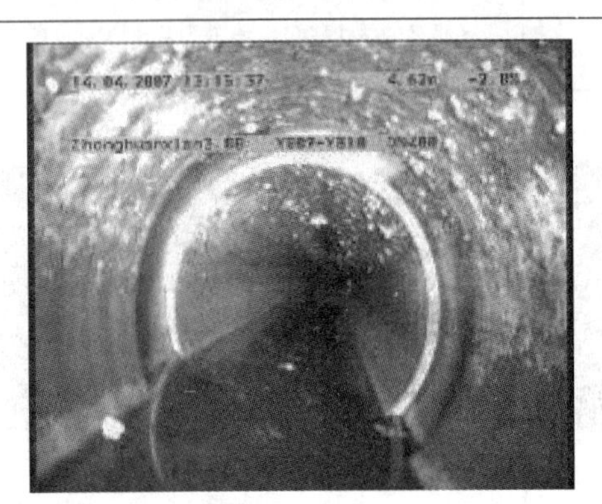
等级 3（重度脱节：20 mm$<d \leqslant$50 mm）</td><td>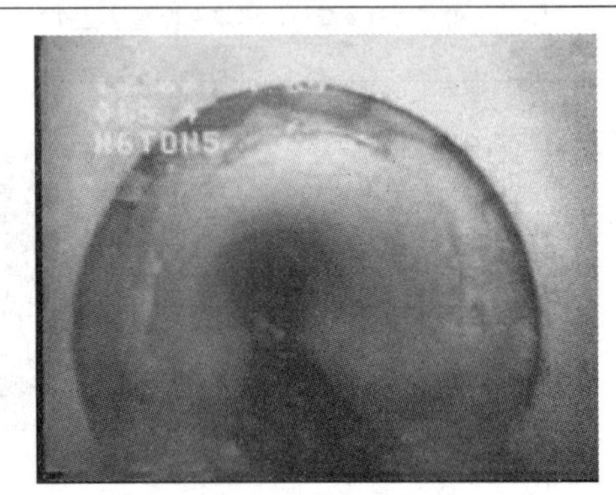
等级 4（严重脱节：$d>50$ mm）</td></tr>
<tr><td colspan="2">缺陷描述：d 为脱节距离。
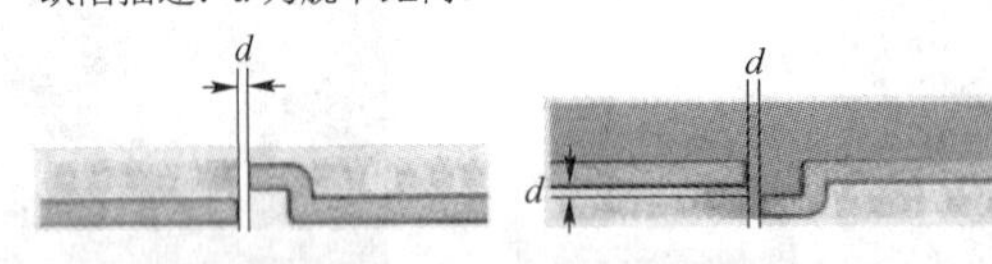

管道脱节示意图</td></tr>
<tr><td>接口材料脱落（TL）</td><td>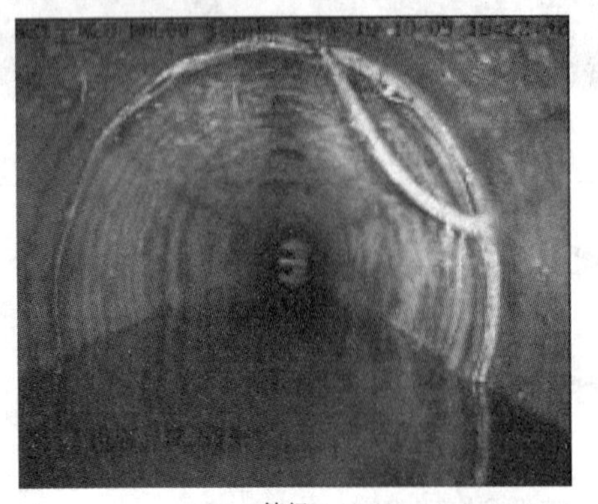
等级 1
（接口材料在管道内水平方向中心线上部可见）</td><td>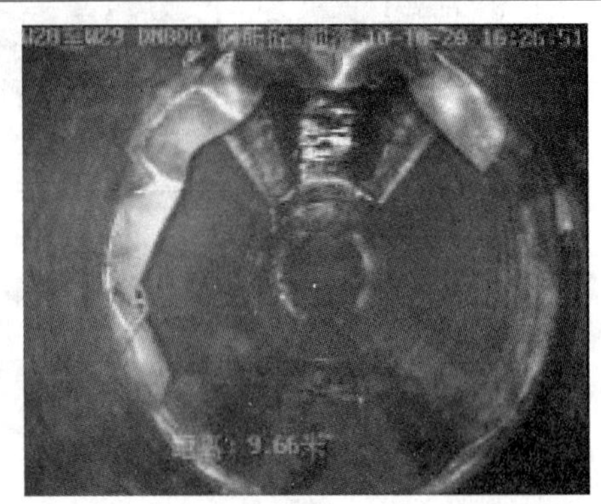
等级 2
（接口材料在管道内水平方向中心线下部可见）</td></tr>
</table>

续表

缺陷名称	缺陷等级与示例图片	
支管暗接（AJ）	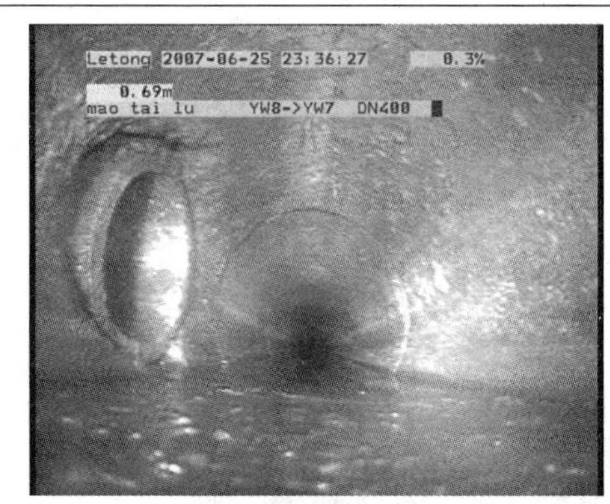 等级 1 （$\frac{d}{D}\leqslant 10\%$）	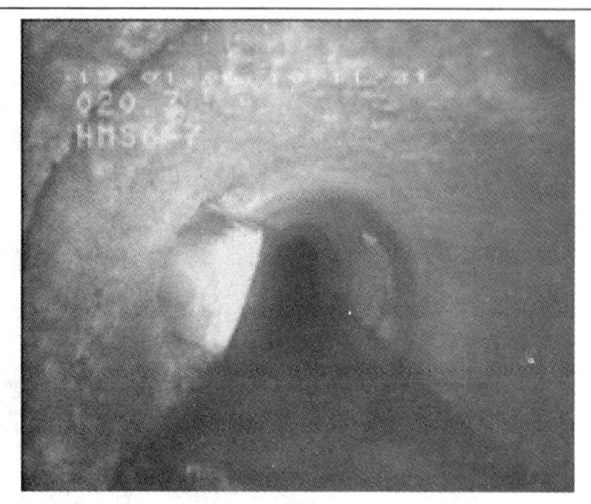 等级 2 （$10\%<\frac{d}{D}\leqslant 20\%$）
	 等级 3 （$\frac{d}{D}>20\%$）	
	缺陷说明：d——支管进入主管内的长度；D——主管的直径。	
异物穿入（CR）	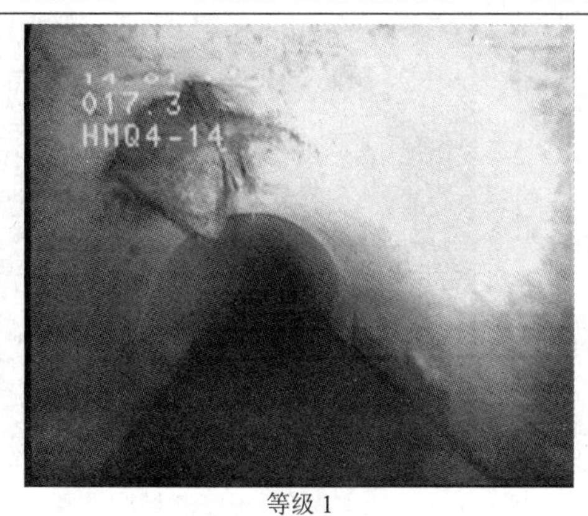 等级 1 （$\frac{s}{S}\leqslant 10\%$）	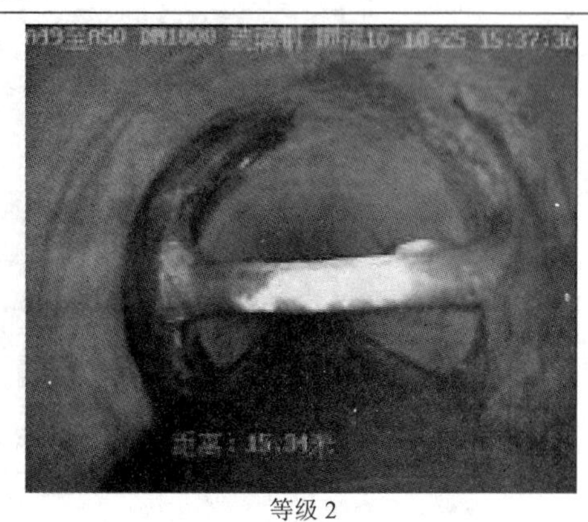 等级 2 （$10\%<\frac{s}{S}\leqslant 30\%$）

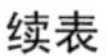
续表

<table>
<tr><th>缺陷名称</th><th colspan="2">缺陷等级与示例图片</th></tr>
<tr><td rowspan="2">异物穿入（CR）</td><td colspan="2">
等级 3（$\frac{s}{S}$>30%）</td></tr>
<tr><td colspan="2">缺陷说明：s——异物在管道内的横断面面积；S——管道过水面积。</td></tr>
<tr><td rowspan="3">渗漏（SL）</td><td>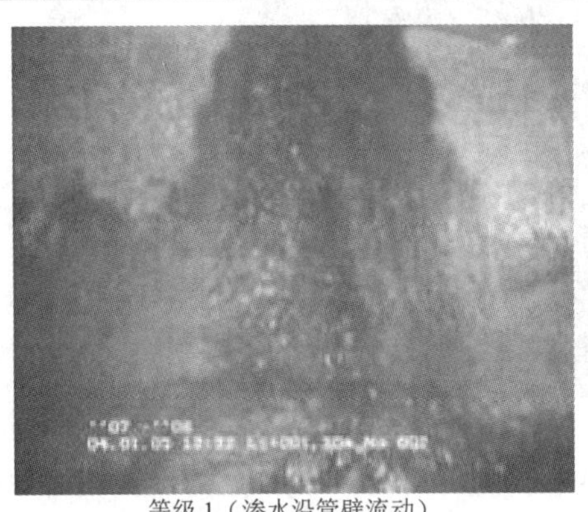
等级 1（渗水沿管壁流动）</td><td>
等级 2（渗水脱离管壁流动）</td></tr>
<tr><td>
等级 3（$\frac{s}{S}$≤1/3）</td><td>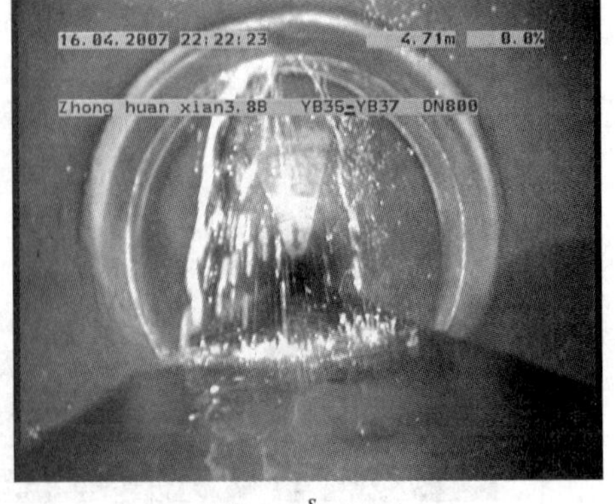
等级 4（$\frac{s}{S}$>1/3）</td></tr>
<tr><td colspan="2">缺限说明：s——漏水面的面积；S——管道断面的面积。</td></tr>
</table>

2. 管道功能性缺陷的图解说明

管道功能性缺陷图解说明如表 7–11 所示。

表 7–11　管道功能性缺陷图解说明

<table>
<tr><th>缺陷名称</th><th colspan="2">缺陷等级与示例图片</th></tr>
<tr><td rowspan="3">沉积（CJ）</td><td>
等级 1（沉积物厚度为管径的 20%～30%）</td><td>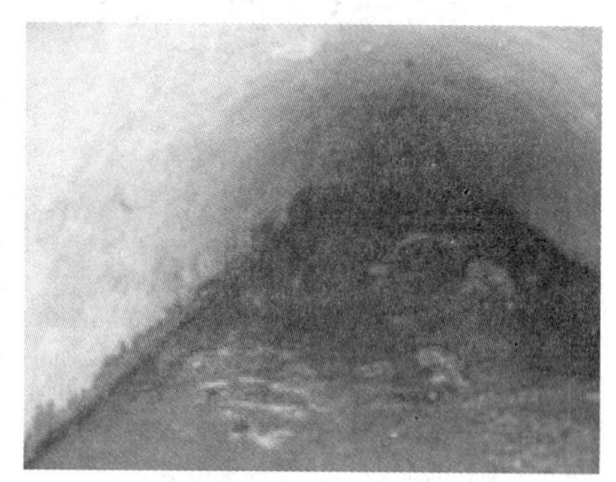
等级 2（沉积物厚度为管径的 30%～40%）</td></tr>
<tr><td>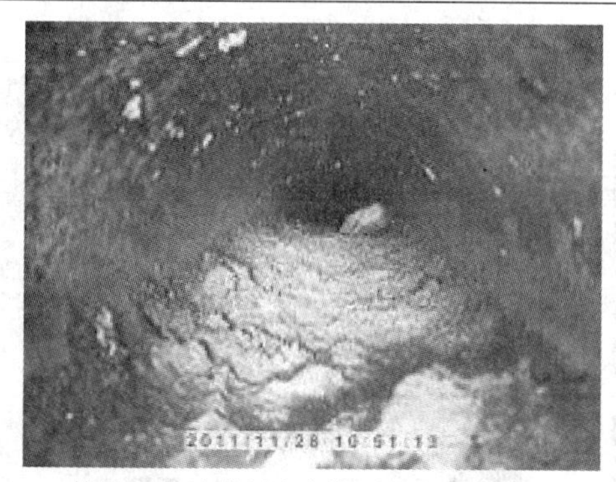

等级 3（沉积物厚度为管径的 40%～50%）</td><td>

等级 4（沉积物厚度大于管径的 50%）</td></tr>
<tr><td colspan="2">缺陷描述说明：
① 用时钟表示法指明沉积的范围；
② 应注明软质或硬质；
③ 声呐图像应量取沉积最大值。</td></tr>
<tr><td>结垢（JG）</td><td>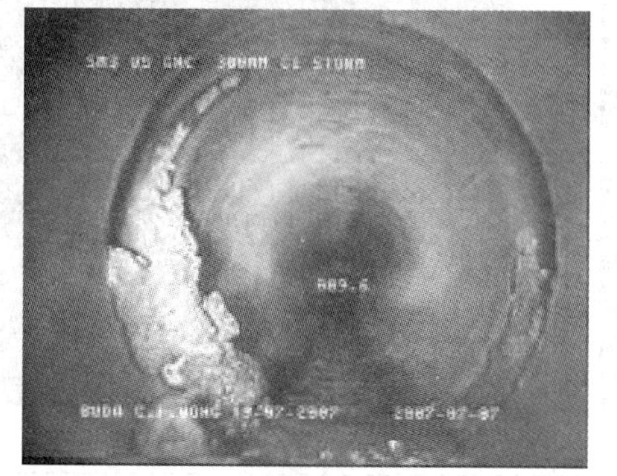
等级 1（硬质结垢造成的过水断面损失不大于 15%；软质结垢造成的过水断面损失在 15%～25%之间）</td><td>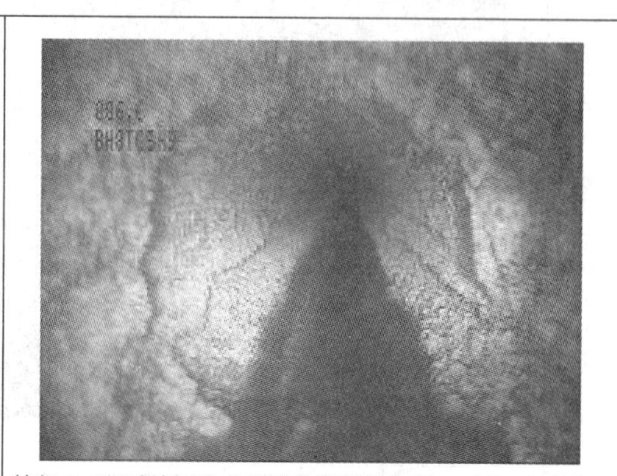
等级 2（硬质结垢造成的过水断面损失在 15%～25%之间；软质结垢造成的过水断面损失在 25%～50%之间）</td></tr>
</table>

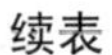

续表

<table>
<tr><th>缺陷名称</th><th colspan="2">缺陷等级与示例图片</th></tr>
<tr><td rowspan="2">结垢（JG）</td><td>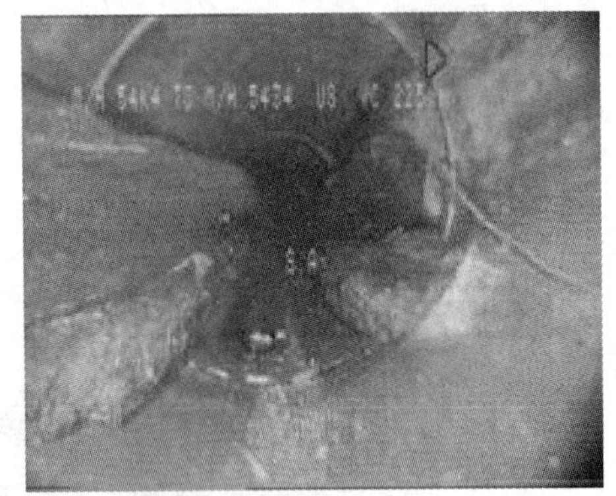
等级 3（硬质结垢造成的过水断面损失在 25%～50%之间；软质结垢造成的过水断面损失在 50%～80%之间）</td><td>
等级 4（硬质结垢造成的过水断面损失大于 50%；软质结垢造成的过水断面损失在 80%以上）</td></tr>
<tr><td colspan="2">缺陷描述说明：
① 用时钟表示法指明结垢的范围；
② 应计算并注明过水断面损失的百分比；
③ 应注明软质或硬质。</td></tr>
<tr><td rowspan="3">障碍物（ZW）</td><td>
等级 1（过水断面损失不大于 15%）</td><td>
等级 2（过水断面损失为 15%～25%）</td></tr>
<tr><td>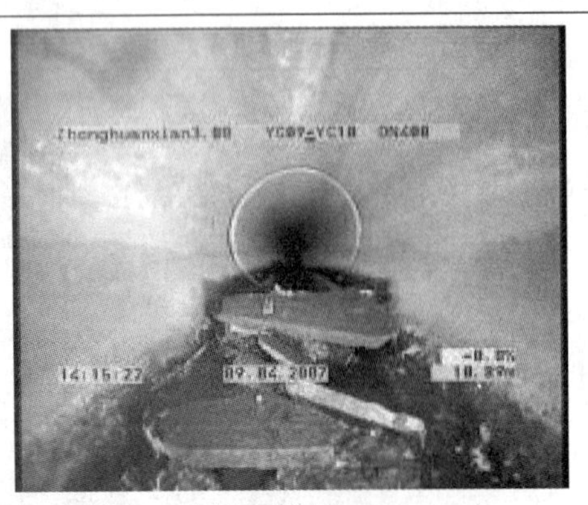

等级 3（过水断面损失为 25%～50%）</td><td>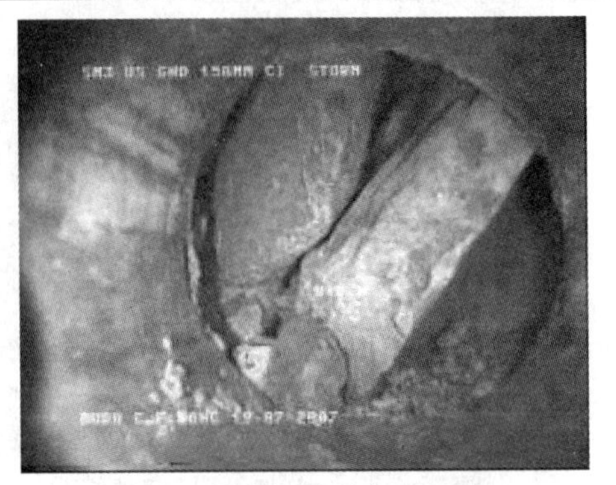
等级 4（过水断面损失大于 50%）</td></tr>
<tr><td colspan="2">缺陷描述说明：应记录障碍物的类型及过水断面的损失率。</td></tr>
</table>

续表

缺陷名称	缺陷等级与示例图片	
残墙、坝根（CQ）	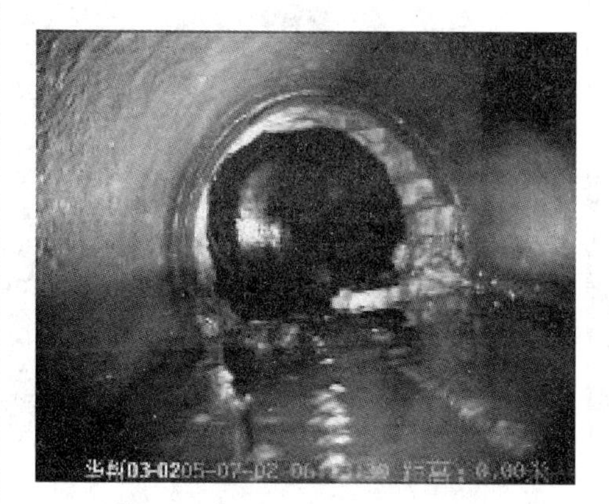 等级1（过水断面损失不大于15%）	 等级2（过水断面损失为15%～25%）
	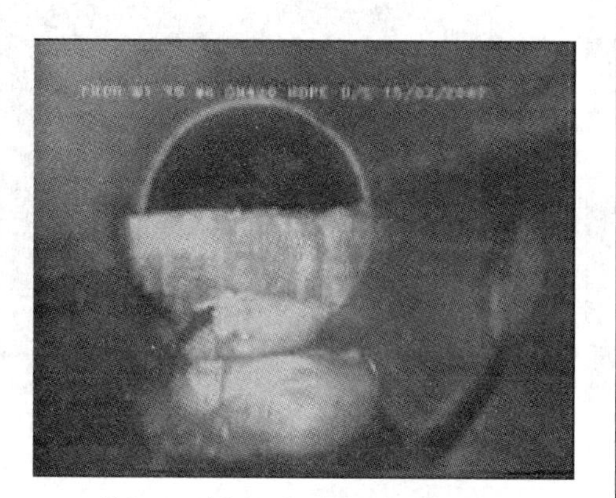 等级3（过水断面损失为25%～50%）	 等级4（过水断面损失大于50%）
树根（SG）	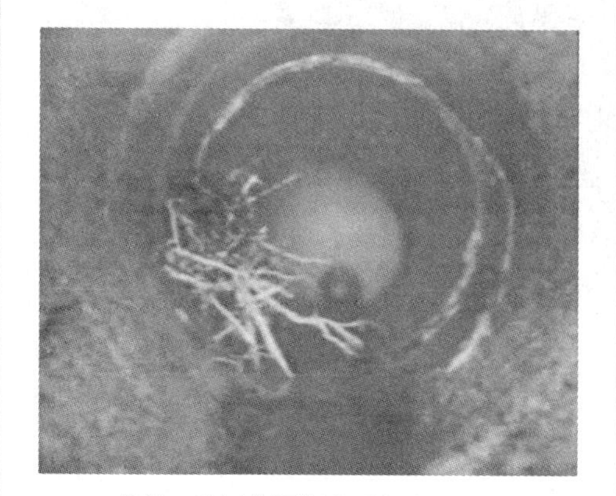 等级1（过水断面损失不大于15%）	 等级2（过水断面损失为15%～25%）

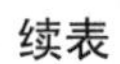

续表

<table>
<tr><td>缺陷名称</td><td colspan="2">缺陷等级与示例图片</td></tr>
<tr><td>树根（SG）</td><td>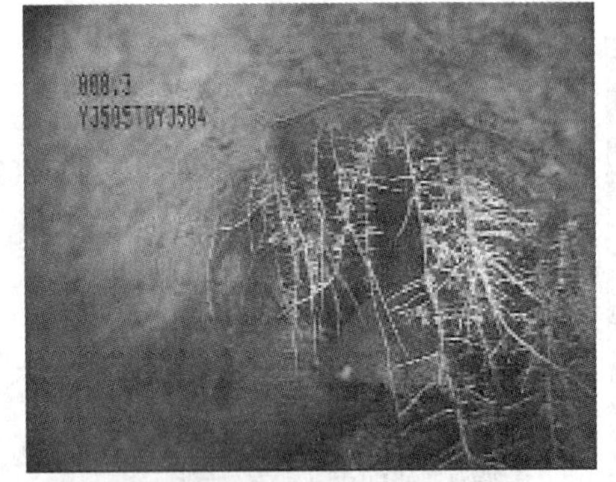
等级 3（过水断面损失为 25%～50%）</td><td>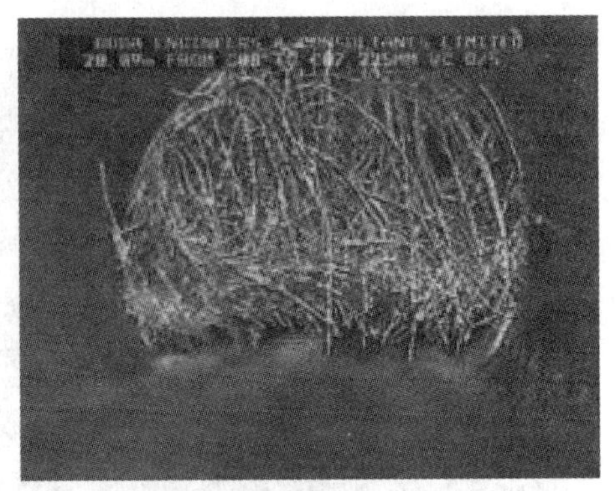
等级 4（过水断面损失大于 50%）</td></tr>
<tr><td rowspan="3">浮渣（FZ）</td><td>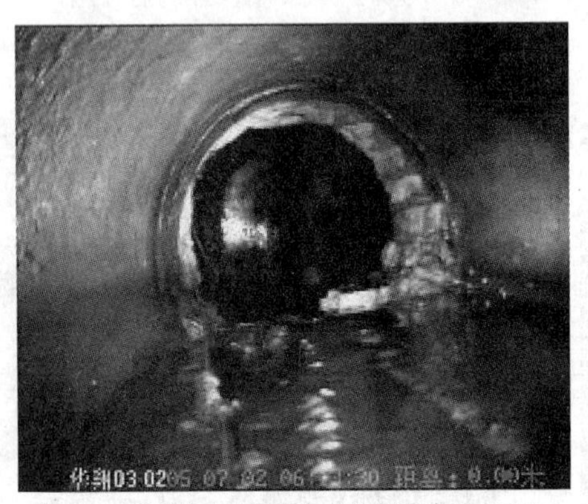
等级 1（漂浮物占水面面积的比例不大于 30%）</td><td>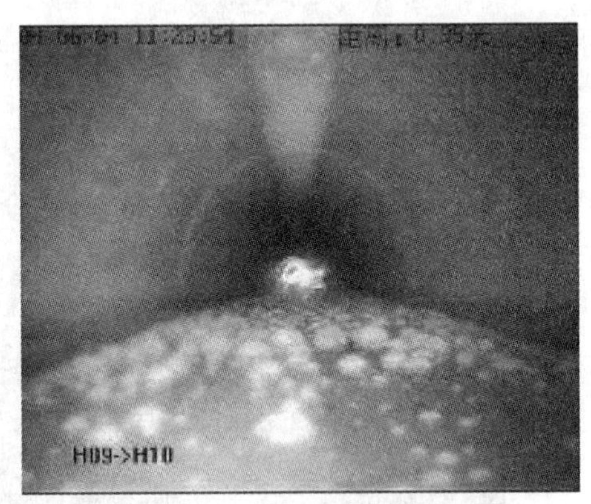

等级 2（漂浮物占水面面积的 30%～60%）</td></tr>
<tr><td colspan="2">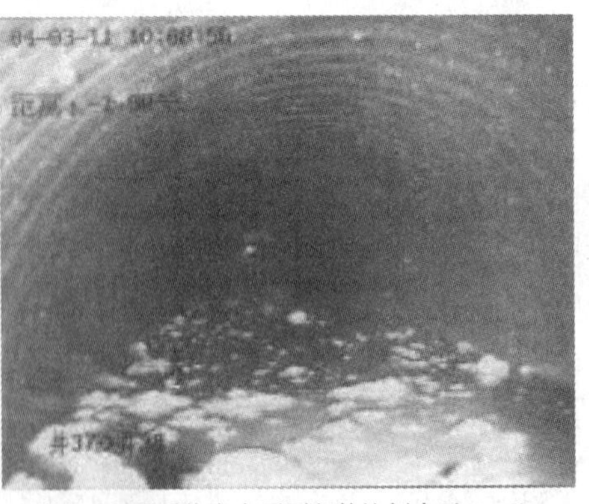
等级 3（漂浮物占水面面积的比例大于 60%）</td></tr>
<tr><td colspan="2">缺陷描述说明：管道内水面上的漂浮物须记入检测记录表，但不参与计算。</td></tr>
</table>

习题与思考 7

（1）管道电视检测（CCTV）与管道潜望镜检测（QV）有什么区别？

（2）简述管道电视检测（CCTV）的工作流程。

（3）试述管道声呐检测（SONAR）的基本原理。

（4）声呐检测的适应条件是什么？有什么优缺点？

（5）常用的管中穿绳方法有几种？

（6）排水管道结构性缺陷分几种类型？如何消除结构性缺陷？

（7）排水管道功能性缺陷分几种类型？如何消除功能性缺陷？

第 8 章　地下管网信息管理系统

教学目标

（1）了解地下管网信息管理系统，熟悉地下管网信息管理系统的基本功能与地下管网信息管理系统数据库设计。

（2）利用三维地下管网信息管理系统强大的空间分析功能、交互功能和可视化功能，全面掌握城市管网信息的动态变化，辅助支持管网运营与管理。

8.1　概　　述

地下各类管网、管线是一个城市重要的基础设施，它不仅具有规模大、范围广、管线种类繁多、空间分布复杂、变化大、增长速度快、形成时间长等特点，更重要的是它还承担着信息传输、能源输送、污水排放等与人民生活息息相关的重要功能，是城市赖以生存和发展的物质基础。图 8–1 是一个城市区域地下管网鸟瞰图示例。

图 8–1　城市区域地下管网鸟瞰图示例

随着我国城镇化进程的不断加快，传统的城市地下管网资料以图纸、图表等纸介质分类保存和管理，已无法满足当今人们对地下管网、管线大数据信息分析、表达、应用的实际需要，严重影响城市建设规划、管理、施工和服务的质量和水平，无法对现有的信息进行深层次的综合统计和分析，不能给城市建设的决策部门提供全面的决策信息。

地下管网信息管理系统是地理信息系统（geographic information system，GIS）在市政管理方面的应用，是一个为城市规划、建设、管理、决策服务的，以计算机网络为载体，以 GIS 软件为平台的应用型技术系统。GIS 界将管网信息管理系统叫作自动制图和设施管理（automated mapping/facility management，AM/FM）系统。它以数字地图为基础空间数据，以空间信息数据和属性信息数据为资源，利用 GIS 的数据库管理、查询、统计和分析功能，为城市规划、管理提供技术决策支持。

地下管网信息管理系统的主要优点如下：

① 及时、准确的地下管线信息查询和信息服务；

② 方便、实用的辅助管理、分析与决策手段；

③ 简单、直观的操作界面和可视化管理；

④ 分布的、可维护的、可扩展的开放性体系结构。

8.1.1　地下管网信息管理系统的建设目标与组成

1. 城市地下管网信息管理系统的建设目标

① *实用性*：要求能完整地管理一个城市的大比例尺基础地理信息，以及各种管线、管件的空间和属性信息。

② *稳定性和安全性*：随时满足管理的需要，满足各种管线工程的需要，运行稳定可靠，保证数据的安全（城市地下管线信息具有很高的保密性）。

③ *规范化和标准化*：城市地下管线隶属于城市各专业权属部门，是城市信息系统的重要组成部分，因此它的信息必须标准，管理必须规范，才能满足信息共享、信息浏览的要求。

④ *完备性和可扩充性*：数据完备，功能完备，可升级，可扩展。

地下管网信息管理系统又是个有生命活力的系统。它的生命活力来源于不断地及时修改、更新它的基础地理信息及各种管线信息，使信息始终保持现势状态。另外，需要在应用之中不断深入，不断扩充它的管理功能，系统才能具有旺盛的生命力，才能真正体现它的价值。

地下管网信息管理系统将管理信息系统（MIS）与地理信息系统（GIS）融为一体，使管网空间图形数据库与属性数据库有机结合，同时兼具 GIS、CAD 与实时监测功能，为地下管网行业的经营管理提供了强有力的技术支持，为政府决策提供服务，供有关部门查询。

2. 地下管网信息管理系统的组成

地下管网信息管理系统由以下 5 大部分组成：

① 计算机硬件和网络系统；

② 系统软件和管线信息系统软件；

③ 各种基础地理信息和各种管线信息；

④ 系统使用人员、系统操作人员、系统维护人员及系统的开发人员；

⑤ 各种运行管理的规章制度。

8.1.2 地下管网信息管理系统的信息构成

地下管网信息管理系统的信息构成包括以下 3 个部分：

① 基础地理数据库的道路中心线、道路边线及其他相关的地形、地物和标准图框等；

② 管线的点要素、线要素以及相应的属性表，如管线特征点类别、管线材料、建设状态（新建、改建、已建）；

③ 给水、排水、电力、电信、煤气以及特种管线的平面位置、埋深、走向、性质、规格、材质等属性信息，敷设时间和单位，以及管理部门等信息。具体还包括：起点、终点的物探点号，连接方向，起点、终点埋深（雨、污排水管注管底埋深），材质，埋设类型（直埋、矩形管沟、圆形管沟、拱形管沟、人防等），管径（直径或宽×高），建设年代，权属单位代码，线型（非空管、空管、井内连线），电缆条数，电压值，压力类型（高压、中压、低压），孔数，保护材料起点、终点埋深（外顶埋深），保护材料断面尺寸（直径或宽×高），保护材料材质，等等。

8.1.3 地下管网信息管理系统的服务功能

一个完整的地下管网信息管理系统应具有 GIS 通用的图形分层显示、编辑及属性浏览、统计功能，图形属性信息交互查询、联合查询功能，基本的空间分析功能等，还应具有一些满足行业要求的特殊功能。地下管网信息管理系统的服务功能包括以下 10 个方面。

① 数据管理：数据逻辑错误检查；地下管线数据和地形数据的入库、地下管线更新入库，数据格式转换；自动生成管线图库和属性数据库，并建立图属关联关系；管线测量成果与探测成果的合并，进行误差分析与冲突处理、管线的截断处理、管线的删除处理、管线的追加处理（点号唯一性处理、新旧管线的连接点处理等）；属性数据更新，定义管线类型并附加属性，属性数据存入图形的扩展对象数据中；地下管线探测进度、入库进度管理；管线点、管线、文本标注等对象的增加、删除、移动、修改、重做、撤销等操作，以及对管线属性、管线点属性的编辑。

② 查询：按图号、道路名、单位名、区域查询任意范围（可多幅）管线；以路网等为参照的各种查询；以管线规划管理图文办公内容为依据的查询；按行政区划、道路、图幅号和属性等多种方式查询管线的空间信息和属性信息；图形与属性的交互式查询；图形属性的各种条件组合查询；实地照片的查询；任意区域查询；地形图、规划图和红线图的叠加查询等，以便对照分析现状管线与规划普线之间的关系及其空间位置关系。

③ 统计：长度统计、点类型统计及生成相应统计报表等。

④ 空间分析：任意横断面（任意地点、任意角度）的生成与分析；连续管线纵断面的生成与分析；交叉口分析；给水及煤气管道发生爆管事故的影响区域分析；管线数据与其他数据（如基础地形图、正射影像图、规划成果图）的叠加分析。

⑤ 管线工程综合：地下管线与建（构）筑物之间水平间距判断与分析；地下管线与建（构）筑物和绿化树木间的水平净距判断及分析；各类地下管线之间水平净距判断与分析；各类地下管线垂直净距判断与分析；各类地下管线覆土深度分析；全市规划区内各种干管的总体布置现状等。

⑥ 管线工程辅助设计：根据国家规范和其他标准以及现状管线之间的关系，限定规划管线的布设界限，并提供方便的管线图形建立、编辑工具。

⑦ 对外服务：报建管线图的生成功能（包括生成综合管线图和大比例尺横断面图），图面修饰功能（包括图形裁剪、图框建立、风玫瑰图添加、图形旋转及其他图形编辑功能）。

⑧ 三维模拟：运用三维和虚拟现实等技术进行地下管网局部三维显示。

⑨ 打印输出：图件裁剪和修饰、图幅边框自动生成和打印出图。

⑩ 数据安全与系统维护：数据备份，软件运行要求的路径设置等。

8.1.4　地下管网信息管理系统的软硬件平台

1. 硬件平台的选择

快速以太网系统，由 Pentium 高档微机组成的客户/服务器结构，绘图仪，打印机，数字化仪（可选），扫描仪（可选）。

2. 软件平台的选择

① 操作系统：操作系统的选择，主要根据用户的硬件平台进行。从目前的市场占有率、用户接受程度等方面考虑，一般选择 Windows 系列操作系统，服务器操作系统选择 Windows 10 Server，工作站操作系统选择 Windows 10 Server，服务器操作系统也可采用 UNIX 系列的操作系统。

② 数据库平台：地下管网信息管理系统的核心是数据，所以对海量的管线数据进行安全、有效的存储是整个信息管理系统建设的重要一环。目前，在微机平台上比较成熟的商业关系型数据库有 Oracle、SQL Server 等。要求数据库可以方便地对空间数据（图形）和属性数据进行一体化的存储，并能更方便地进行空间数据的检索、分析（包括 GIS 系统对空间数据操作的大部分功能）。

③ GIS 软件平台：目前，国际上流行的 GIS 平台软件有 ArcGIS、AutoCAD Map 3D、MapInfo 等。国内也出现了一些 GIS 平台软件，如 GeoStar、MapGIS、SuperMap 等，可根据实际需要，从稳定性、易用性、真三维图形处理能力、二次开发的难易程度等方面进行比较选择。

④ 二次开发平台：传统 GIS 开发平台均采用专门设计的开发语言，如 ArcGIS 采用 AML，又因为 GIS 庞大的函数、命令库，使得普通的软件开发技术人员难以掌握，延长了应用产品的开发周期。现在比较流行的是组件式 GIS 系统开发平台，例如 MO+VC、AO+VB 等。

8.2　地下管网信息管理系统的基本功能

1. 地形图库管理功能

随着信息化程度的提高，地形图库的数据量会大大增加，可能会达到几百 MB，甚至数十 GB（称为海量数据），如我国 1:250 000 地形图数据库的容量达到了 4.5 GB。因此，海量数据对地形图库的管理功能提出了更高的要求，除了能对测区内的地形图统一管理（如增加、删除、编辑、检索等）、具有图幅无缝拼接和可按多种方式调图的功能外，还需要有效地压

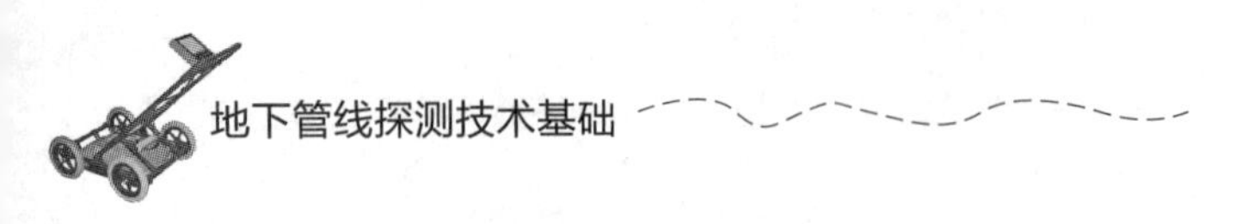

缩海量数据，编写快速查询海量数据的算法等。

2. 管线数据输入与编辑功能

系统的基础地形图和管网信息的输入，应具有图形扫描矢量化、手扶跟踪数字化和实测数据直接输入或读入等多种输入方式。系统应具有对常用 GIS 平台进行双向数据转换的功能。系统的编辑模块应具有完备的图形编辑工具，具有图形变换、地图投影转换和坐标转换功能。对管线数据的编辑应具有图形和属性联动编辑的功能，以及对管线数据的拓扑建立和维护功能。在数据编辑方面，应具有图形的放大、缩小、平移、复制、剪切、粘贴、旋转、恢复、裁剪等功能。由于历史原因，许多城市的控制网多次改造、扩建，投影方式、坐标投影方式转换和坐标系统也随之改变，因此要求系统具有投影方式转换和坐标转换的功能。

需要指出的是，图形扫描矢量化、手扶跟踪数字化都是对纸质地图进行作业，对于管网信息系统而言现势性差，势必被淘汰。目前的管线探查、测量技术都采用数字化方式，数据可以用批处理的方式直接读入数据库。

3. 管线数据检查功能

系统的管线数据检查功能应包括：点号和线号重号检查、管线点特征值正确性检查、管线属性内容合理性和规范性检查、测点超限检查，自流管道的管底埋深和高程正确性检查、管线交叉检查和管线拓扑关系检查等。

4. 管线信息查询、统计功能

系统的管线信息查询、统计功能，应包括空间定位查询、管线空间信息和属性信息的双向查询，以及管线断面查询。其中管线属性信息的查询结果可用于统计分析。

1）根据属性信息查询管线

由于管线的属性信息存放在关系表中，可以用标准的 SQL 语句对属性进行查询。SQL 的全称是结构化查询语言（structured query language），最早由 IBM 公司在其数据库系统中使用。SQL 中的 select 语句是使用最广泛的查询语句，它不要求用户了解数据的物理存放方式，只需要知道表结构和属性名称即可，示例如下。

① 查询管径大于 20 cm 的管线，可以用 select 语句：

select * from pipeline where diameter＞20

② 查询材料是铁制的管线可以用 select 语句：

select * from pipeline where material= *iron

除了用比较运算符（＞，=）查找外，还可以用逻辑运算符（and，or，like，not）构造出复杂的查询语句，如语句“select * from pipeline where depth＞10 and build year＜‘1990–8–11’”将找出所有埋深大于 10 m 并且是 1990 年 8 月 11 日以前施工的管线。查找出的管线在大多数 GIS 中都会高亮显示。

2）空间查询

一种方式是交互式查询，用户用鼠标在屏幕上单击感兴趣的管线，系统即弹出窗口，显示该管线的属性信息；另一种方式是根据地理要素间的空间位置关系进行查询，有以下几种情况：

① 相交（intersect），如找出与已知管线相交的管线；

② 一定范围内（within a distance of），如找出距水厂 5 km 内的所有管线，或找出距离

发生管道泄漏处 500 m 内的所有阀门；

③ 包含（completely contain），如找出某个居民区内的电力线；

④ 重叠（share a line segment with），如找出和电力管线重叠的电信管线（从平面位置看）。

3）统计功能

这里特指针对属性信息的统计。对于数值型的字段，可以计算平均值、标准差、最大值、最小值或中位数，也可以绘制各种图表（直方图、散点图、饼图等）来表现数据的分布和变化趋势，如用直方图绘制不同年份管线总长度的变化情况，示例如图 8–2 所示。

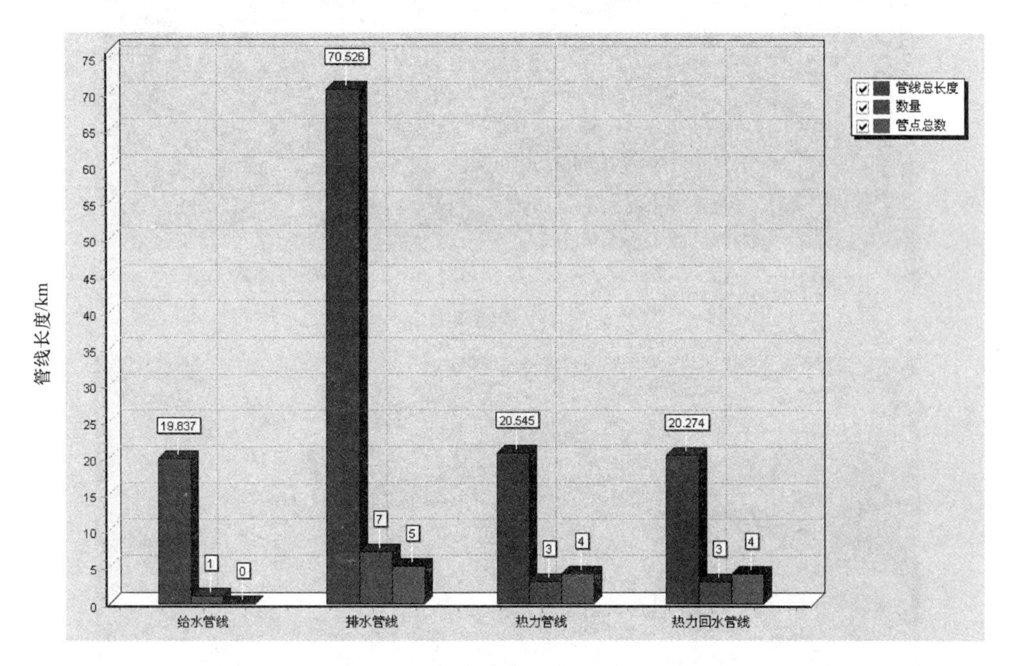

图 8–2　区域管网信息统计图表示例

5. 管线信息分析功能

管线信息分析功能是 GIS 区别于 CAD 的关键，主要体现在以下 4 个方面。

1）爆管分析

管道发生爆炸后，自动计算出需要关闭的阀门。城市压力管线爆管是一个时常发生的灾害性事故，如若处置不及时或出现过失，将会给城市带来重大经济损失，产生极大的负面影响。因此，系统充分考虑了管线设计与道路设计、总图设计之间的密切关系，借助道路、总图的设计成果和管线拓扑信息技术以及爆管的具体点位，自动快速分析和识别出受影响的管段和地区，并显示出受影响的用户情况和需要进行调压的片区，同时高亮显示受影响的管线、关闭受影响的管线、关闭需要关闭的阀门等整体处置方案，包括完整的三维地形图识别展示功能，如图 8–3、图 8–4 所示。

2）横断面分析

通过拖动鼠标形成剖面线，绘制出与管线垂直的断面图，在断面图上可以分析管线在垂直方向上的空间位置及相互关系。在无须实地开挖管道的条件下，系统可根据任意选取的两点（见图 8–5）直接生成地下管线横断面分析图（见图 8–6），并从主视图中查看该位置上的管道材质、埋深、管径、长度、历史年代信息及管线间距等信息，且支持图层、数据的 Excel 文件导出和打印等功能。图 8–7 为地下管线横断面图分析图表。

图 8–3　压力管线爆管分析图

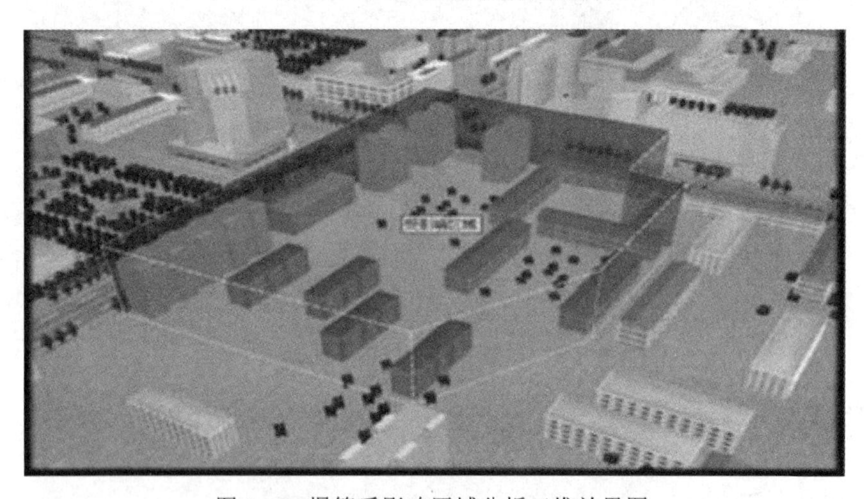

图 8–4　爆管受影响区域分析三维效果图

图 8–5　地下管线横断面位置选择主视图

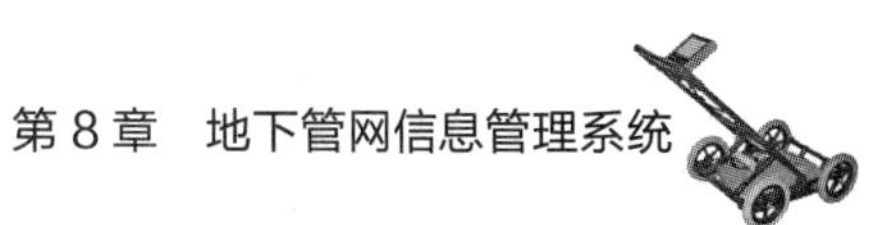

图 8–6　地下管线横断面分析图

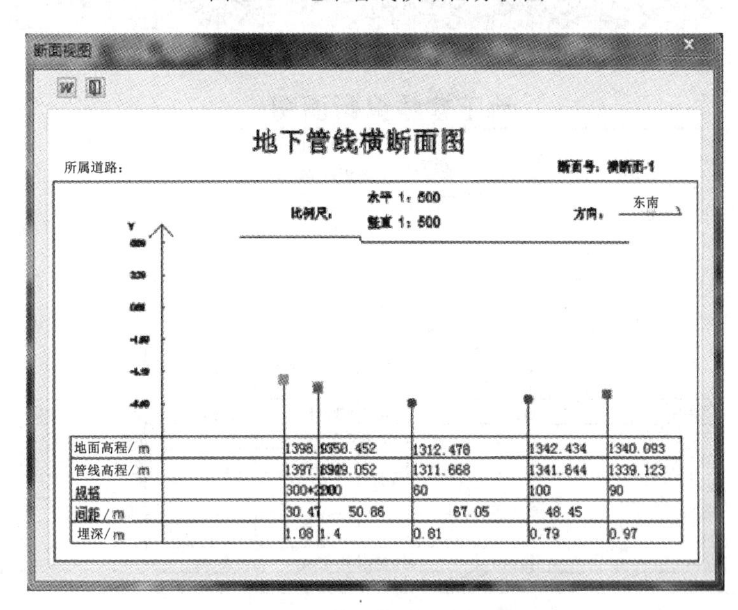

图 8–7　地下管线横断面图分析图表

3）纵断面分析

通过拖动鼠标形成剖面线，绘制出与管线平行的纵断面，在图上可以分析管线的埋深在管线走向上是否有变化。纵断面分析与横断面分析的目的一样，都是用于对管线、管点进行分析，系统也可在任意指定的位置上直接生成纵断面剖视图，并从视图中查看管道材质、埋深、管径、历史年代、间距等信息。同时，在主视图中高亮显示所选管线，如图 8–8、图 8–9 所示。

图 8–8 地下管线纵断面分析主视图

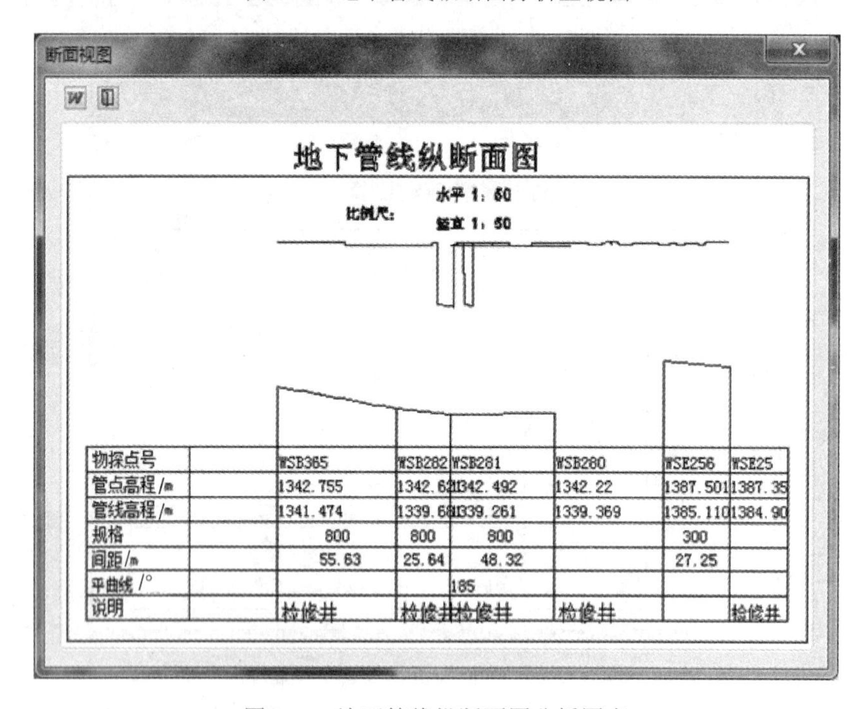

图 8–9 地下管线纵断面图分析图表

从这个断面图上可清晰、直观地看到管线的纵断面情况，包括距离地面的高度以及所选管线的间距等信息，且支持纵断剖面图层、数据的 Excel 文件导出和打印等功能。

4）风险评估

20 世纪 70 年代，发达国家在第二次世界大战以后兴建的大量油气管道逐步进入老龄阶段，引发了大量事故。如何尽可能地延长油气输送干线的使用寿命，成为世界各管道公司关注的焦点。例如，美国一些管道公司尝试用经济学中的风险分析技术来评估油气管道的风险性；加拿大 NOVA 管道公司开发出了第一代管道风险评估软件，该软件将公司所属管道分成 800 段，根据各段的尺寸、管材、设计施工资料、油气的物理化学特性、运行历史记录以及沿线的地形、地貌、环境等参数进行评估，对超出公司规定的风险允许值的管道加以整治，最终使其进入允许的风险值范围内，保证了管道系统的安全和经济运行。风险评估技术比较适合于长距离的输送管道。

5）网络分析

利用网络模型计算最佳路径、查找最近设施、计算上下游管网等。

6. 管线信息维护、更新功能

管线信息维护、更新功能包括管线空间信息和属性信息的联动、添加、删除和修改等。

城市三维地下管线管理系统中，采用动态更新方法，使得城市地下管线的内容不断丰富，进一步满足用户不断更新的需求。新的动态更新机制也有效地提高了系统的修改、完善机制，加速了系统从审核、检测到使用的过程，提高了工作效率。管网数据的动态更新包括图形更新和属性更新等内容，图形更新是指系统提供各类管线的转换、绘制和编辑功能，新增的管线可以方便地存入系统；属性更新是指编辑、修改各类管线的属性。管网信息的动态更新图如图 8–10 所示。

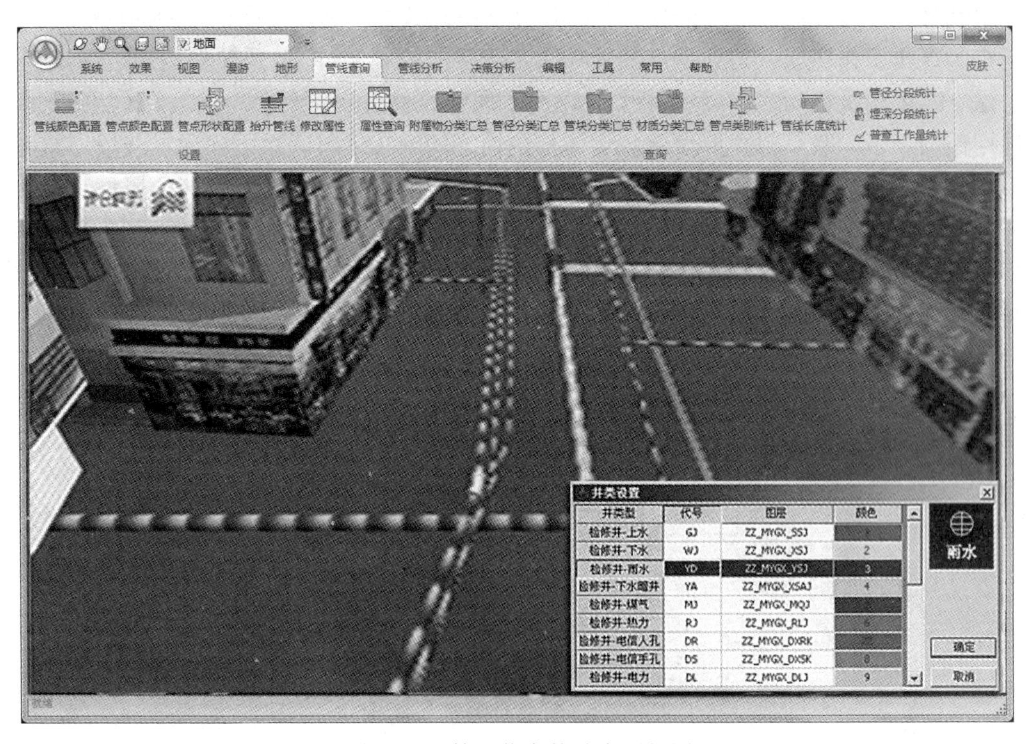

图 8–10　管网信息的动态更新图

7. 输出功能

系统的输出功能包括基本地形图输出、管线图形信息的图形输出和属性查询统计的图表输出。

8.3 地下管网信息管理系统数据库设计

目前，大多数数据库管理系统都是关系型数据库，即采用关系模型来管理数据。关系模型用二维表来描述关系，该表由行（元组）、列（属性或域）构成。表中能唯一标识每个元组的单个或多个属性称为键，当存在多个键时，需选择其中一个作为主键。数据库设计的目标是建立一个合适的模型，这个模型应当满足以下条件：

① 满足用户要求，既能合理地组织用户需要的所有数据，又能支持用户对数据的所有处理功能；

② 满足某个数据库管理系统的要求，能够在数据库管理系统中实现；

③ 具有较高的范式，数据完整性好，便于理解和维护。

8.3.1 数据库设计步骤

数据库设计可以分为概念设计、逻辑结构设计和物理结构设计三个阶段。

1. 概念设计

这是数据库设计的第一个阶段，目的是建立概念数据模型。该模型是面向问题的，反映了用户的现实工作环境，与数据库的具体实现无关。绘制 E–R 图是建立概念数据模型的常用方法。E–R 图又称为实体–联系图，由实体、属性、联系三个要素构成。实体用矩形表示，属性用椭圆表示，联系用菱形表示，实体与属性之间或实体与联系之间通过线段连接。

图 8–11 显示的是管线对象的 E–R 图。从图 8–11 可看到，“阀门”实体的属性有 *X* 坐标、*Y* 坐标、编号等，其中编号是主键（用下划线表示）；“管道”实体的属性有管顶高程、管底高程、埋深等。两个实体间是连接关系。由于一个阀门可以和多条管道相连，一条管道也可以和多个阀门相连，因此这两个实体间是多对多的关系，在图上用 m、n 表示。

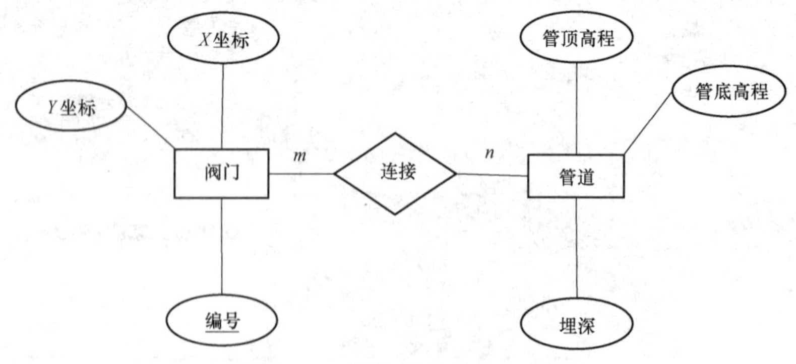

图 8–11 管线对象的 E–R 图

2. 逻辑结构设计

该阶段将 E–R 图转换为关系数据模型，并根据范式对关系表进行优化。E–R 图转换为关系模型所遵循的原则是：

① 一个实体转换为一个关系表。实体的属性就是关系的属性，实体的主键就是关系的主键；

② 一个联系转化为一个关系表，与该联系相连的各实体的主键以及联系的属性（在某些情况下，联系也可以有属性）转化为该关系表的属性，主键的确定分三种情况：

a）若联系为 1:1（一对一），则每个实体的主键均可作为该关系的主键；

b）若联系为 1:*n*（一对多），则关系表的主键为 *n* 端实体的主键；

c）若联系为 *m*:*n*（多对多），则关系表的主键为诸实体主键的组合。

提出范式的目的是使关系表的结构更合理，尽量减少数据冗余，消除存储异常，以便于插入、删除和更新操作。通过投影分解，范式将关系表分解为多个表，分解后的关系表应与原关系表等价，即经过自然连接可以恢复原关系而不丢失信息。数据库设计可以达到第五范式，一般要求至少满足第三范式，前三个范式的要求如下。

① 第一范式（1NF）：若关系表 *R* 中的每个属性值都是不可再分的最小数据单位，则称 *R* 满足第一范式。

② 第二范式（2NF）：如果关系表 *R* 中的所有非主属性都完全依赖于任意一个候选键，则称关系 *R* 满足第二范式。

③ 第三范式（3NF）：如果关系表 *R* 中的所有非主属性对任何候选键都不存在传递依赖，则称关系 *R* 满足第三范式。

3. 物理结构设计

物理结构设计的主要任务是确定存储结构、数据存取方式、存储空间分配等。存储结构的确定要综合考虑存取时间和存储空间因素。这两个因素往往是相互矛盾的，消除冗余数据虽然能节约存储空间，但往往会导致检索代价的增加，花费更多的存取时间。数据存取方式是指如何建立索引，使用索引可以加快对特定信息的访问速度。索引分聚簇索引和非聚簇索引，聚簇索引树的叶节点包括实际的数据，记录的索引顺序和物理顺序相同；非聚簇索引树的叶节点指向表中的记录，记录的索引顺序和物理顺序没有必然的联系。存储空间的合理分配，需要对数据的容量和预期的增长有一个正确的估计，一般来说，应预先给数据库对象分配足够的空间，不要太多地做动态扩展；数据可以存放在不同的分区和磁盘上，这样对表的管理和控制具有更大的灵活性。

8.3.2　地下管网的空间数据库

1. 空间数据

空间数据是空间数据库的核心，它具有以下 3 个鲜明的特征。

① 空间性：空间数据描述了空间对象的位置、形态以及对象间的拓扑关系。例如，管线的名称、权属单位描述的是非空间性质，管线的位置、长度则描述了管线的空间特征。

② 抽象性：现实中的空间对象是非常复杂的，必须经过抽象处理。例如，阀门和水表被抽象为点，污水处理厂被抽象为多边形。抽象的过程有时会产生多语义问题，例如河流既可以被抽象为水系要素，也可以被抽象为行政边界。

③ 多尺度与多态性：在不同的比例尺下，同一个地物会表现出不同的大小和形状。通常比例尺越大，地物的细节越丰富。例如，在大比例尺下，水厂表示为多边形；而在小比例尺下，水厂变成了一个点。

2. 空间数据库模型

空间数据库模型主要有三种类型，混合模型、扩展模型和统一模型，下面分别予以介绍。

① 混合模型：空间数据用文件的形式存储，属性数据存放在关系型数据库中，通过唯一标识符建立两者的联系。采用这种模型的软件有 MapInfo、MicroStation。

② 扩展模型：在 RDBMS 中，增加了一个空间数据管理层，从而实现用统一的关系型数据库存储空间数据和属性数据。采用这种模型的软件为 GE Small World。

③ 统一模型：这是纯关系数据模型，空间数据和属性数据都用二维表（关系）来存储，用关系连接机制建立两类数据的联系。缺点是数据类型定义存在局限性，缺乏空间结构查询语言（GeoSQL）。采用该模型的产品有 ESRI 的 SDE（spatial database engine）、Oracle Spatial。

3. 空间数据库模型举例

GeoDatabase 是 ESRI 引入的全新概念，是建立在 RDBMS 基础上的统一的智能化空间数据库。它在同一模型框架下对常见的地理空间要素，如矢量、栅格、三维要素、要素间关系及拓扑规则等，进行了统一的描述。在 GeoDatabase 中，地理空间要素的表达较之以往的模型更接近于我们对现实世界的认识。

GeoDatabase 可分为个人 GeoDatabase 和多用户 GeoDatabase。前者使用 Microsoft Jet Engine 将 GIS 数据存储在 Microsoft Access 数据库中，存储容量最大为 2 GB。多用户 GeoDatabase 通过 ArcSDE 支持多种数据库平台，包括 IBM DB2、Informix、Oracle 和 SQL Server。

GeoDatabase 通过 ESRI 的桌面软件 ArcCatalog 来创建和维护，图 8–12 显示了 GeoDatabase 在 Catalog Tree 中的视图。可以看到，要素数据集是 GeoDatabase 下组织数据的重要方式，只要数据都处于同一坐标系下且空间范围相同，就可以将它们组织到要素数据集中。除了点、线、面要素外，要素数据集中还可以定义诸如关系、对象、标注、几何网络、栅格等要素类型。一些几何要素也可以直接存放在 GeoDatabase 下。

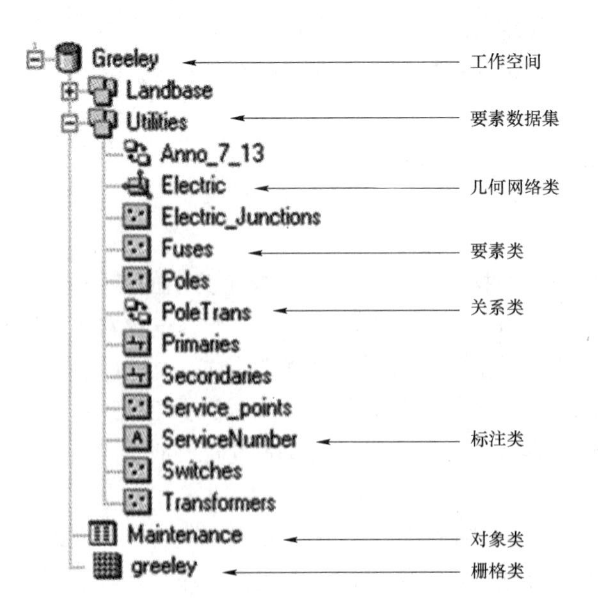

图 8–12　GeoDatabase 在 Catalog Tree 中的视图

8.3.3　地下管网信息管理系统数据标准

数据库的建立是地下管网信息管理系统开发的核心。属性信息数据库通常建立在关系型数据库管理系统（relation data base management system，RDBMS）中，如 Oracle、Infomix、SQL Server、Sybase 等。地下管网空间信息数据库可以是基于文件的，如 ESRI 的 Shapefile 文件；也可以是基于 RDBMS 的，如 ESRI 的 GeoDatabase，后者与属性信息的集成更为紧密。基础地形图包括道路、房屋、公用设施等重要的城市地形资料，是地下管网重要的参照物。基础地形图数据是城市或厂矿基础地理信息系统的组成部分，变化相对较快，数据库需要经常更新。基础地形图数据是基础地理信息系统的重要组成部分，地下管网信息系统和基础地理信息系统有密切的关系，两个系统之间应建立数据共享机制。

管网信息分析处理是子系统中最重要的模块，它使得 GIS 有别于 CAD；也使得管网信息管理系统有别于其他行业的 GIS。管网信息的输出应符合一定的规范，表 8–1 列出了地下管网成果表数据库基本结构，表中的有些字段是各类管线数据库所公用的，如物探点号、测量点号、建设年代、权属单位等；有些字段则是专用的，如电缆条数、光缆条数等。

表 8–1　地下管网成果表数据库基本结构

字段	字段名	数据类型	字段宽度	小数位数	输入格式
1	图上点号	字符	8		类型+顺序号，如 DL2434
2	物探点号	字符	8		如上，要求此字段唯一
3	测量点号	字符	6		顺序号
4	管线材料	字符	8		
5	特征	字符	30		
6	附属物	字符	15		
7	*X* 坐标	数值	15	3	
8	*Y* 坐标	数值	15	3	
9	地面高程	数值	8	2	
10	井底高程	数值	8	5	
11	压强/电压	字符	10		
12	管顶高程	数值	8	2	
13	管底高程	数值	8	2	
14	埋设方式	字符	10		
15	管径	数值	15		
16	埋深	数值	5	2	
17	电缆条数	数值	3		
18	光缆条数	数值	3		
19	总孔数	数值	2		
20	已用孔数	数值	2		

续表

字段	字段名	数据类型	字段宽度	小数位数	输入格式
21	建设年代	字符	10		
22	权属单位	字符	50		
23	连接方向	字符	8		
24	图幅号	字符	15		
25	备注	字符	30		

地下管线普查后生成城市的地形信息及地下管网的空间信息和属性信息，应按照要求通过数据处理软件录入计算机，建立地形地图库和管网信息数据库，并经过查错程序检查、排查错误，确保数据库中数据的准确性，属性数据的检查可以利用 RDBMS 中的数据完整性规则实现，如定义字段的取值范围、字段的格式、字段之间的相互约束等。空间信息的检查主要是拓扑关系检查。几何要素可以分为点、线、面三类，在管网信息系统中，管点必须位于管级之上，这个约束就可以用拓扑规则“point must be coved by line”来定义，即点要素必须在线要素之上，不满足规则的要素被标记为拓扑错误，示例如图 8–13 所示。

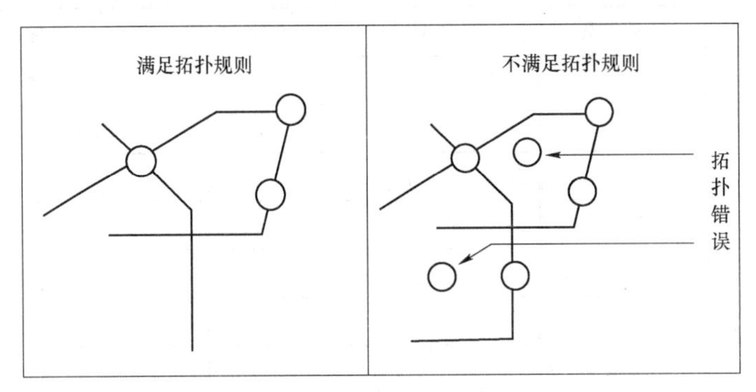

图 8–13　点线之间的拓扑关系检查示例

为了使不同的管网信息管理系统共享数据，防止不同类型管网之间可能出现的数据冲突（如编码），从而使得建立综合管网信息管理系统成为可能，要求地下管网信息管理系统满足以下要求。

① 地下管网信息管理系统内的各类信息，应具有统一性、精确性和时效性。统一性指的是地下管网信息管理系统应采用和城市地理信息系统统一的基础地形底图作为管网信息定位的基础，各种管网信息应采用相同的比例尺和坐标起算值。精确性指的是系统中所管理的管线空间信息（水平坐标值和高程值）的精度，应该完全满足管线管理的要求。时效性指的是地下管网信息管理系统中的基础地理信息和管网信息仅反映某一特定时间的情况，所以要求对信息必须做定时更新，长期维护。

② 基础地形图要素的分类编码应按现行国家标准《基础地理信息要素数据字典　第 1 部分：1:500，1:1 000，1:2 000 比例尺》（GB/T 20258.1—2019）实施。若某些要素类型在国标中尚未规定分类编码，可采用行业标准或自编暂行标准分类，目的是实现信息共享。

③ 地下管线的分类编码结构见图 8–14。管线分类编码的目的是识别各种类型的管线，编码第 1 位代表管线的类别，如 1 代表电力管线、2 代表电信管线；编码第 2 位代表管线子类别。因此，管线分类编码能识别出每一类管线，但要识别出每一根管线，则需要在分类编码后附加识别码。

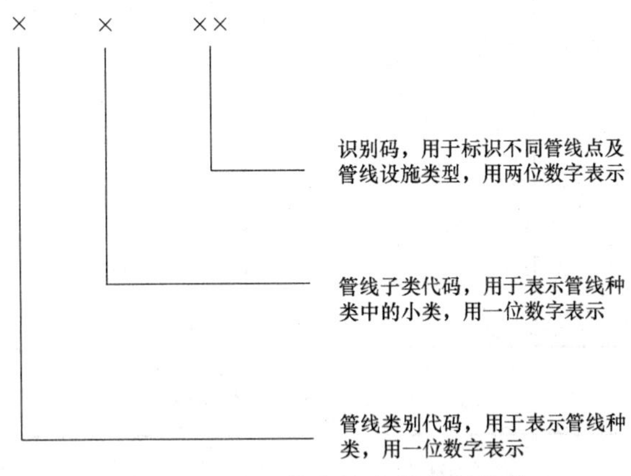

图 8–14　地下管线的分类编码结构

管线分类编码一般由数字、字符或者数字与字符混合构成，可提高检索速度。表 8–2 和表 8–3 分别列出了电力管线和排水管道的分类编码，其他管线的分类及编码方法参见《城市地下管线探测技术规程》。利用管线分类编码，计算机可以将管线按类别分别存入空间数据库，或从空间数据库中按类别查询管线数据。管网信息的分类编码，直接影响空间数据库，乃至整个管网信息管理系统的应用效率。

表 8–2　电力管线分类编码

名称	特征类型	编码	代码
电力线	线	1000	DL
高压	线	1001	GY
中压	线	1002	ZY
低压	线	1003	DY
供电电缆	线	1100	GD
高压	线	1101	GY
中压	线	1102	ZY
低压	线	1103	DY
路灯电缆	线	1200	LD
信号灯电缆	线	1300	XH
电车电缆	线	1400	DC
广告灯电缆	线	1500	GG
电力电缆沟	线	1600	LG
高压	线	1601	GY
中压	线	1602	ZY
低压	线	1603	DY

续表

名称	特征类型	编码	代码
直流专用电缆	线	1700	ZX
附属设施 变电站 配电房 变压器 检修井 控制柜 灯杆 线杆 上杆	点 点 点 点 点 点 点 点 点	1800 1801 1802 1803 1804 1805 1806 1807 1808	 BD PD BY JJ KZ DG XG SG

表 8–3　排水管道分类编码

名称	特征类型	编码	代码
雨水管道	线	4000	YS
污水管道	线	4100	WS
雨污河流管道	线	4200	HS
附属设施 检修井 雨篦 出水口 污篦 进水口 出气井	点 点 点 点 点 点 点	4300 4301 4302 4303 4304 4305 4306	 JJ YB CSK WB JSK CQJ

④ 每类地下管线的各要素都应该用标识码进行标识存储。标识码可按现行国家标准《城市地理要素编码规则　城市道路、道路交叉口、街坊、市政工程管线》（GB/T 14395—2009）的规定执行。地下管线要素一般分为管点、管段和管线。管点是各种管件设备、管线连接点或转折点、管径变化点等的通称，也是管线探测点的位置。管段是两个同类管点之间连接管的通称，而管线是属性相同管段连接线的简称，这三种要素的每个实体都要用标识码加以识别。

⑤ 管线信息要素的标识码应由定位分区代码和各要素实体的顺序代码两个码段构成。定位分区代码由 3～4 位字符数字组成。要素实体代码根据管线各要素的数量，采用若干位字符和序号混合编码而成。编码在每一个定位分区中必须保持唯一性。标识码是在管线分类的基础上对各类管线要素的实体所设计的识别代码。通过标识编码，计算机可对各管线要素的每一实体进行存储管理和逐个查询检查。管线信息要素的标识码实际上是分类编码的补充。标识码中包含了实体的定位分区信息，方便对管线信息进行定位查询。

8.4　地下管网信息管理系统的开发

1. 地理信息系统软件

从地下管网信息管理系统建设的角度看，ArcGIS 是一款通用的 GIS 软件，技术先进，功能完善，并有灵活强大的二次开发能力。但为了满足特定的业务需求，必须进行二次开发，而且其价格比较昂贵。

MapInfo 是一个支持多种数据库的桌面系统，其特点是性价比高、成本低，短时间内将地图信息在网络上发布的 MapXtreme 技术也是其吸引人之处。如果要建立较为简单的管网信息管理系统，MapInfo 是比较理想的选择。

另外，Bentley 系列从工程的角度提供了更为专业的管网维护和分析功能，适合于各种大型管网系统。Intergraph 的 G/ Technology 产品也是工程与 GIS 相结合的成功典范。

2. 数据模型

地下管网信息管理系统的开发是一个复杂的工程，如果能利用以往的开发经验，则可以做到事半功倍，下面介绍在管网信息管理系统中用得比较成功的 APDM 数据模型。

1）APDM 概述

APDM（ArcGIS pipeline data model）是用于存储和管理管线（尤其是燃气和给排水管线）系统的数据模型，该模型包含了 80%的管线企业所用到的特性，同时做了一些扩充，以包含当前的一些热门主题，如一致性检查、管线检查、重点关注区域、风险分析等。APDM 允许用户对模型进行修改以满足特殊的要求，因此在 APDM 的基础上开发地下管网信息管理系统将大大缩短开发周期。APDM 是对象关系数据模型，不能用标准的 SQL 语言查询，也不能用其他数据访问技术，如 ODBC、ADO 访问，需要通过 ArcGIS 的组件对象 ArcObject 来访问。

2）APDM 的优势

APDM 全面贯彻了 GeoDatabase 技术，具有以下优势：

① GeoDatabase 无缝地将几何要素和属性数据整合到一起；

② 用于维护数据一致性的开销大大减少了；

③ 使用 GeoDatabase 技术，用户可以利用其强大的空间分析功能；

④ 可以利用 GeoDatabase 提供的其他特性，如多用户、长事务编辑、重合要素的拓扑编辑、基于栅格的空间分析、制图工具、通过 ArcIMS 和 ArcServer 的网络发布、离线编辑、动态注记等。

3）APDM 中的对象

APDM 中的对象有 3 种：核心要素、参考要素和非参考要素。核心要素是 APDM 模型中必不可少的，包括定位路径、控制点和线组；参考要素指在线对象和离线对象；非参考要素指地基、支承物等。下面列出部分核心要素和参考要素。

① 定位路径（station series），可在上面定位的线状要素，用多义线（polyline）表示。

② 控制点（control point），在定位路径上的已知点、多义线的节点就属于控制点。

③ 管线段（pipe segment），位于定位路径上的多义线，代表运输物质的管线。

④ 线组（line loop），一系列相连的定位路径，其作用是将多条路径看作是单个元素。

⑤ 在线点（online point），位于定位路径上的点或点事件，通常代表线上设施或离线对象在定位路径上的投影。

⑥ 在线多义线（online polyline），位于定位路径上的多义线或线事件。

⑦ 离线对象（offline point，polyline，polygon），位置不在定位路径上的点、线、面，离线对象在定位路径上可以有一个或多个投影。

8.5 地下管网信息管理系统的建立

1. 管网自动建模

传统的管线竣工资料和探测结果大多是二维矢量线数据，地下管网信息管理系统可对二维的平面坐标、埋深、管径等成果数据（包括管线 CAD 图、实测数据、二维 GIS）以标准格式导入，自动生成管网空间拓扑关系图，批量生成三维管线模型、关联属性数据库，并且可在系统内直接自动绘制成图，方便了技术人员的日常规划设计和维护设计业务工作。管网自动建模界面如图 8–15 所示。

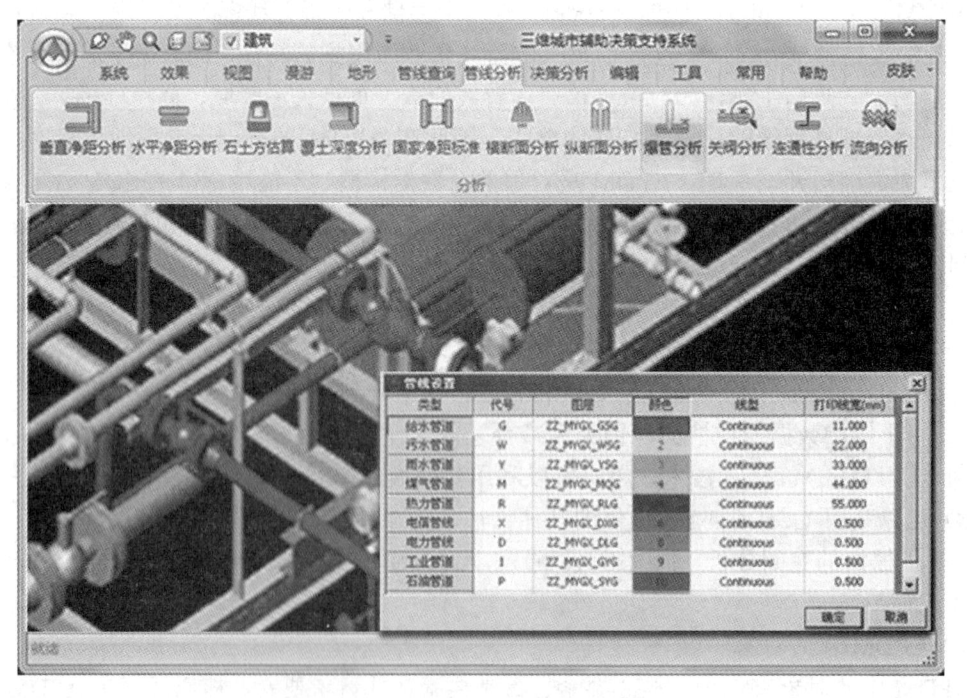

图 8–15　管网自动建模界面

2. 三维管网模型编辑与维护

地下管网信息管理系统支持在三维场景中任意编辑管线模型（添加、移动、废弃），支持管线模型节点坐标的自由移动，能够同步实现对管线属性数据（类型、覆土深度、埋深、

管径、材质等数据）的维护，使得管网数据更新工作变得更加快捷方便，同时也大幅降低了技术人员的工作强度。地下管网三维效果视图如图 8–16 所示。

图 8–16　地下管网三维效果视图

3. 三维管网模型拓扑分析

完全摆脱对二维管网数据的依赖，可直接在三维管网模型上进行拓扑分析，彻底解决了二维数据模型无法进行拓扑分析的技术难题。为爆管分析、开挖分析、覆土深度分析等提供技术支撑。图 8–17 是三维管网模型拓扑分析图。

图 8–17　三维管网模型拓扑分析图

4. 丰富、规范的管件模型库

系统提供标准尺寸、规格的模型库（例如法兰、流量计、弯头、蝶阀、止水阀等），既方便用户在指定位置添加管件，又可大大节省建模的时间。

5. 业务数据整合方便快捷

市政管网业务数据包括属性信息、实时监测数据和历史数据等，这些数据主要以关系型数据库的形式存储，数据管理员可以方便地在逻辑层面操作数据库，快速自动关联三维管线模型和业务数据库，可大幅度降低数据冗余、数据不一致率和数据处理的时间成本，使得项目实施更方便、快捷，成本更低。

6. 地上地下全景三维模拟

全新三维技术，可将地面上的建筑、绿地、道路、周边设施以三维叠加的形式完整地展现出来，从而构建一个虚拟城市地上地下的整体三维场景，逼真地将地下管网的细节展现出来，使得本来在平面显示下错综复杂的管线变得更加清晰。同时，还可根据管网空间数据，实现城市三维地下管线漫游，全面实现城市地下管线的三维显示与管理。

习题与思考 8

（1）地下管网信息管理系统有哪些优点？

（2）地下管网信息管理系统的信息构成主要包括哪几个部分？它的服务功能有哪些？

（3）简述地下管网信息管理系统的设计原则，以及数据库的设计步骤。

（4）地下管网信息管理系统的基本功能主要有哪些？

（5）简述地下管线的分类编码结构。

第 9 章　地下管线探测质量保障体系与安全生产

教学目标

（1）了解地下管线探测质量及安全文明生产的重要性和相应的保障措施。

（2）掌握贯彻实施地下管线探测质量保障体系的方法。

（3）对地下管线探测过程中的危险源有一定的辨别能力。

质量是企业的生命，安全生产是企业的生存保障。所以，建立质量及安全保障体系在地下管线探测工作中必不可少。

9.1　质量保障体系和三级检查制度

信誉、工程质量方针是一支队伍、一个企业生存、发展的第一要务。“科学管理，技术创新，精心设计，高效施工，品质至上，信誉第一”是企业制胜的法宝。

1. 质量保障体系

地下管线探测项目工程要认真全面贯彻 ISO 9001 系列标准，建立质量保障体系，自觉执行《质量保障手册》和相关程序文件，具体要求如下。

1）控制所有过程的质量

所有工程都是通过过程来完成的，包括合同签订、编写技术设计文件、施工前技术交底、方法试验、探测、测量、内外业一体化、检查验收等一系列过程，需要针对每一个过程需要开展的质量活动，确定应采取的控制措施和方法。

2）过程控制的出发点是预防不合格

在地下管线探测过程中，影响工程质量的主要有工艺方法、设备、人与自然环境四大因素。控制生产过程的质量，必须做到以下几点：

① 确定并使用合理、先进的工艺方法；

② 确保有高精度的设备仪器和成熟的成图软件；

③ 有一支能吃苦、经验丰富的高素质的队伍；

④ 采用多种方法试验，选择其中最合理、最优化的方案。

3）建立并实施文件化的质量保障体系

为了将质量管理文件系统化，通常将它分为三个层次，即质量手册、质量体系、程序和其他质量文件。质量保障体系对作业员的基本要求就是：该做的要写到，写到的要做到，做的结果要有记录。

2. 三级检查制度

质量改进是一个重要的质量体系要素，严格执行三级检查制度，即作业组自检、项目组检查、质检部门检查。三级检查要贯穿于整个施工过程中，杜绝质量问题的出现，不论哪一级检查，都要遵循均匀分布、随机取样的原则，同时各级检查不得重复。

1）作业组自检

作业组在施工过程中随时随地对自己的工作进行检查，并做好检查记录。对物探作业组的自检要求如下：

① 仪器检查工作量应大于总量的5%；

② 对难开挖地段隐蔽点的检查，检查工作量应大于总量的5%；

③ 明显点检查应大于总量的5%；

④ 开挖检查应大于总量的1%；

⑤ 对内业要做到100%的检查。

物探作业组在施工及检查过程中遇到疑难问题时，应及时向技术负责人汇报，由技术负责人组织技术人员解决，把问题消灭在施工过程中。

对测量作业组的自检要求如下：

① 自检及外业巡视应达到100%；

② 设站检查不少于总站数的5%；

③ 图面检查应达到100%，且每幅图不少于两站。

2）项目组检查

工作中，由项目负责人及技术负责人等组成检查小组，对各作业小组进行检查、监督，监督各作业组技术方法应用的合理性，以及相关规程规范的执行情况等，并帮助作业组解决疑难问题。对物探作业组的检查要求如下：

① 仪器检查量为2%；

② 开挖检查量为1%；

③ 内业检查量大于30%。

对测量作业组的检查要求如下：

① 外业巡视检查为30%；

② 设站检查为总站数的5%；

③ 图面检查为总图量的50%～100%。

检查过程中，应做好检查记录，并将检查出的问题及时反馈给作业小组，共同把问题解决。

3）质检部门检查

由院（公司）委派技术水平高、工作经验丰富的技术人员组成质检部门，进驻工地现场，专职负责质量检查、监督。在施工过程中，不间断地进行巡视、检查、监督，并阶段性地组织项目负责人、技术负责人等组成检查组，对工程进行总体检查。质检组的检查工作量不低于相关规程规范规定的检查工作量，在检查过程中应做好检查记录，对施工中发现的问题及时总结并反馈给作业小组，以保证工程质量。

3. 定期评价质量保障体系

定期评价质量保障体系的目标是：确保各项质量活动的实施符合计划安排，确保质量保障体系的适宜性和有效性，具体要求如下：

① 各级检查工作必须独立进行，不得省略或代替；

② 各级检查工作应做好记录，并在检查结束后编写质检报告书；

③ 总结经验，吸取教训，预防容易出现的问题；

④ 在各级检查完成，且问题处理完毕以后，编制质量检查报告，上报相关质量管理部门。

9.2　安全生产保障措施

地下管线探测项目，必须设立专职安全员。对于违章作业，安全员有权利责令整改、停工整改或进行经济处罚。此外，安全员必须做好以下几方面的工作：

① 从事地下管线探测的作业人员，必须熟悉本工作岗位的安全保护规定，做到安全生产；

② 在市区或道路上进行地下管线探测时，必须着橙黄色标志服，遵守城市交通规则；

③ 进入企业厂区进行地下管线探测的作业人员，必须熟悉该厂区安全保护规定，遵守该企业的厂规；

④ 对于燃气管道和规模较大的排污管道，在下井调查或施放探头、电极、导线时，严禁明火，并进行有害、有毒及可燃气体的浓度测定，浓度超标的管道要采取安全保护措施，达标后才能作业；

⑤ 严禁在氧、煤气、乙炔等易燃、易爆管道上进行直接法或充电法作业；

⑥ 夜间作业时，应该有足够的照明，打开窨井时井口应有安全照明标志；

⑦ 打开窨井井盖做实地调查时，井口必须有专人看管，调查完毕必须立即盖好窨井井盖，打开井盖后严禁作业人员离开现场；

⑧ 测量人员在道路上设站作业时，必须在附近明显位置设置警示标志；

⑨ 发生人身事故时，除立即将受伤者送到附近医院急救外，还必须保护现场，及时报告上级部门，组织有关人员进行调查，明确事故责任。

9.3　危险源分析及安全保障措施

1. 危险源分析

物探、测量属于全野外作业。作业人员在道路上实测时，会与来往的各种车辆、路人发生碰撞；打开各类检查井调查（下井）时，井内有毒气体也会对人体产生危害；测量架空电缆或变压器时，可能存在对人体产生危害的因素。

2. 安全保障措施

为保证安全生产，地下管线探测时，须做好以下安全保障措施。

① 强化安全生产意识，结合实际制定符合专业生产和当地法令、法规的安全生产体系。

② 安全设施要齐全。作业人员必须身着标志服，占道作业须摆放路锥或围栏，测量采用绝缘材料的尺杆，下井作业要配备专业工具（如梯子）、有毒气体检测仪、防毒面罩、安全绳索、氧气袋等，井口有专人看护。一旦发生意外，应第一时间与当地的 110、120 取得联系，报告事发地点和事故情况，将损失降到最小。

③ 规范作业，文明施工。电力、通信作业时，应携带梯子等专业工具，严禁踩踏线缆，严禁在配送易燃、易爆气（液）体的管线上使用充电法探测方式。对不明地段或必要的开挖验证，须上报相应管理部门批准。进行人工开挖，到达一定深度时，避免用硬质铁器触碰管线，并制定好发生意外的抢救措施。

④ 严格执行资料借阅、使用制度，严禁向第三方泄密。随着计算机技术的发展和应用的普及，保护设备安全也是资料保密的一个重要组成部分。内、外业均应看护好使用的设备，作业使用的计算机严禁连网或安装无线网卡，做好驻地的安全防护措施。一旦出现资料、设备丢失，应第一时间上报上级主管部门、公安部门或保密部门，将风险降到最低。

⑤ 严格执行质量管理体系，从源头抓起，贯穿项目整个实施过程，每级监督、检查都应切实落实到位，高标准要求，不允许私开“绿灯”，各工段、各工序的责任人对各自的职责履行情况应登记、签名，以备考评和追查问题的根源；以优异的质量服务社会，维护企业形象，保护企业的信誉。

地下管线探测作业中，危险源点辨识与预防措施如表 9–1 所示。

表 9–1　地下管线探测作业中的危险源点辨识与预防措施

<table>
<tr><th colspan="2">危险源点（隐患）</th><th>可能发生的安全问题（事故）</th><th>预防措施</th></tr>
<tr><td rowspan="7">作业现场</td><td>探测电力管线时</td><td>发生触电</td><td>穿绝缘鞋，不要接触断线，应使用非金属梯子</td></tr>
<tr><td>在城市道路作业时</td><td>发生交通事故</td><td>正确摆放交通警示标志，穿反光衣，转移时遵守交通规则</td></tr>
<tr><td>夜间施工时</td><td>（1）发生交通事故；
（2）行人等落入窨井</td><td>正确摆放交通警示标志，穿反光衣，转移时遵守交通规则，夜间施工时安排专人察看行人、车辆</td></tr>
<tr><td>开启窨井井盖时</td><td>发生砸伤事故，人或物落入井内，遇明火发生爆炸</td><td>穿劳保鞋，精力集中；不吸烟，不让人围观</td></tr>
<tr><td>窨井内调查时</td><td>（1）窨井中施工时，有害气体致使作业人员中毒；
（2）吸烟或遇明火引起爆炸；
（3）发生人员、设备坠落；
（4）落水</td><td>打开窨井后，进行一定时间的通风再下人；窨井中施工时，配备梯子、气体检测仪，系好安全带，必要时佩戴防毒面具。井口留人，正确摆放交通警示标志，不要让人围观</td></tr>
<tr><td>调查结束后没及时盖好井盖</td><td>行人坠井或其他伤害</td><td>调查结束时应及时盖好井盖，并放平放稳</td></tr>
<tr><td>管线钎探、开挖验证</td><td>发生损坏甲方管线、电信电缆、军工光缆事故</td><td>施工前，用仪器查清附近的管线，施工时不要用猛力</td></tr>
</table>

续表

危险源点（隐患）		可能发生的安全问题（事故）	预防措施
作业现场	施工中的代步工具	代步工具车闸失灵等	每天出工前检查车况，及时修理
	跟踪杆	触及地上、地面强/弱电等电力设施；转移时打到人或物	绝缘处理跟踪杆，清楚与地上、地面强/弱电的安全距离；转移时注意观察
	城市楼房密集区	易发生上部物体塌落伤及人员等事故	戴安全帽，时刻观察
	电脑（内业工作）	电脑数据丢失、感染病毒，粘染灰尘、细菌	（1）电脑加密、文件加密，文件备份； （2）定时升级杀毒软件； （3）保持电脑周围环境卫生，资料不乱扔乱放； （4）定期保养
	管线仪、测量仪器	（1）被行人或车辆碰倒损坏； （2）滑倒摔坏仪器； （3）因不正确携带而损坏仪器部件	（1）施工中正确摆放交通警示标志； （2）专人保护，轻拿轻放； （3）转移时放入仪器箱，放牢固； （4）在驻地摆放有序； （5）长时间不用时应取出电池，定期保养
	使用抽水机等机电设备	触电、击伤、挤伤等	（1）详细了解操作规程； （2）正确、合理使用

9.4　信息系统安全需求

1. 系统安全设计

① 配合管理要求，所有服务器及主要的网络设备都须进行 RAID 级别的容错。配备 UPS，支持断电保护。

② 采取双机热备份方式，购置热备份软件，对网络中的服务器硬盘及磁盘阵列做不同等级的 RAID 容错，保证服务器系统在任一个硬盘出现故障时以及任何一台服务器出现故障时系统都可以正常运行。

2. 系统安全建设原则

系统安全是整个系统可靠运行和进行安全防范的基石，为了实现系统安全目标，系统安全建设应遵循以下原则：

① 应针对系统面临的威胁及风险，确定系统的安全策略，制定相应的规范和措施，力求在需求、风险、代价等方面达到均衡；

② 系统涉及网络、设备、软件、数据、人员等各个环节，应遵循整体安全原则，根据确定的安全策略制定合理的安全体系结构和防护措施；

③ 系统要根据综合防范原则，从技术、管理、人员等方面考虑，多方位、多层次地保护系统安全；

④ 要根据系统的变化不断调整安全措施，适应新的网络环境，满足新的网络安全需求；

⑤ 系统的安全性，不以安全设施配备的多少来衡量，而以漏洞（薄弱点）的多少来衡量，因为系统安全最终是以保护重点资源为目标的；

⑥ 建立数据备份制度，实现对系统各项业务数据的实时备份与存储，由此保证在系统遇到重大事故时，系统内的数据不会丢失。

3. 网络安全

网络安全方面，主要采取的措施包括采用网络安全服务、入侵检测系统、网络防病毒系统等。

1）网络安全服务

① 数据在网络上传输之前，采用数据压缩技术对数据进行压缩，再采用三重 DES 加密技术对数据进行加密，提高数据传输速率和安全性。

② 对接收数据的用户进行身份认证，只有通过登录密码认证的用户，才能够在网上接收数据，而用户名和密码在网上的传输和认证，也是通过 DES 加密的。

③ 系统对用户登录、系统操作和数据传输均有相应的过程记录，事后可以对系统的使用情况进行追踪审计。

④ 采取防火墙技术、包过滤技术、公开密钥传输和数字签名技术等，提高信息在城域网和广域网上传输的安全性。

2）入侵检测系统

入侵检测系统中应采用限制 Web 访问、监控/阻塞/报警、入侵探测、攻击探测、恶意 applets、恶意 E–mail 等在内的安全保护措施。

3）网络防病毒系统

计算机病毒的危害起源于共享路径、信息流的传递和信息解释的通用性。通过驻留在系统中的反病毒程序监视和判断系统是否有病毒存在，从而采取相应的措施，阻止和查杀计算机病毒，防止其进入网络系统进行破坏。

4. 通用安全

1）主机设备安全可靠性

提高硬件本身的可靠性、容错性、可恢复性，增强硬件系统的强壮性。

2）网络设备安全可靠性

对网络节点，要选用高质量的信息交换设备和集线设备。通常，这些设备都应具有防火墙，具有病毒防护能力；局域网内的传输线路可采用星形布线方式，远程连接采用光纤布线。

3）数据备份设备安全可靠性

对相对稳定的备份数据，应分别存放在三个地方：机房内一套，以方便取用；同一办公楼内的其他房间一套；异地一套。

4）系统环境安全可靠性

在系统安全体系建设时，不仅要选用合适的硬件设备，还要解决好这些硬件设备所处环境的安全可靠性，系统环境一般要求符合如下条件：

① 温度（23±1）℃；

② 相对湿度 40%～55%；

③ 每小时的温度变化率小于 5%，不凝露；

④ 每 dm^3 空间中粒径流≥0.5μm 的尘埃个数≤18 000；

⑤ 计算机开机条件下，主机操作员位置噪声≤68 dB；

⑥ 接地电阻 $R \leqslant 1\ \Omega$；
⑦ 零地电位差≤1 V；
⑧ 380 V 三相电压的波动不大于±5%；220 V 单相电压的波动不大于±5%；
⑨ 频率（50±0.2）Hz；
⑩ 三相电流不平衡度≤±20%，三相电压不平衡度≤±5%；
⑪ 照度≥500 lx；
⑫ 应急照明时照度≥50 lx；
⑬ 机房内无线电杂波干扰≤0.5 V/m，磁场干扰强度≤800 A/m；
⑭ 主机房内绝缘体静电电位≤1 kV；
⑮ 谐波成分在机器运行时≤3%。

习题与思考 9

（1）简述地下管线探测的三级检查制度。
（2）地下管线探测安全生产保障措施主要有哪些？
（3）试列出地下管线探测项目实施过程中主要的安全危险源点及其预防措施。
（4）信息系统安全涉及哪些方面？

参 考 文 献

[1] 朴化荣. 电磁测深法原理[M]. 北京：地质出版社，1990.

[2] 傅良魁. 应用地球物理教程：电法 放射性 地热[M]. 北京：地质出版社，1991.

[3] 牛之链. 时间域电磁法原理[M]. 长沙：中南大学出版社，2007.

[4] 张正禄，司少先，李学军，等. 地下管线探测与管网信息系统[M]. 北京：测绘出版社，2007.

[5] 吴献文. 数字化地下管线测量中测点精度的探讨[J]. 工程勘察，1997（4）：50–52.

[6] 张鸿升，王万顺. 地下管线探测原理、方法与技术[M]. 徐州：中国矿业大学出版社，1998.

[7] 吴献文. 大比例尺数字化测图软件系统间数据共享初探[J]. 测绘通报，2002（4）：55–57.

[8] 李国洋. 城市地下管线管理与应用技术[M]. 北京：中国建筑工业出版社，2004.

[9] 李金铭. 地电场与电法勘探[M]. 北京：地质出版社，2005.

[10] 王万顺，王争明，张殿江. 高分辨率地下管线探测技术研究与信息系统[M]. 北京：中国大地出版社，2005.

[11] 栗毅，黄春琳，雷文太. 探地雷达理论与应用[M]. 北京：科学出版社，2006.

[12] 洪立波，李学军. 城市地下管线探测技术与工程项目管理[M]. 北京：中国建筑工业出版社，2012.

[13] 高绍伟，刘博文. 管线探测[M]. 2 版. 北京：测绘出版社，2014.

[14] 鲁永康，杨宇山，鲁星，等. 用 FDEM 法探测深埋油气管线方法技术的分析与思考：兼述采用“特征点法”推断解释的局限性[J]. 办公自动化，2014（S1）.

[15] 吴献文. 利用托管 ObjectARX 和 DAO 技术实现图库联动功能[J]. 测绘通报，2015（6）：101–102.

[16] 吴献文，刘国安. 地下管线探测技术[M]. 西安：西北工业大学出版社，2016.

[17] 朱军. 排水管道检查与评估[M]. 北京：中国建筑工业出版社，2018.